U0210093

从传统走向未来

张锦秋 著

——一个建筑师的探索

中国建筑工业出版社

编者的话

在这样一个思想和文化多元化的时代，从传统的角度来思考未来，并在挽结中国建筑传统与未来的关系链条中进行建筑创作与探索，究竟会呈现出怎样的一种气象？

我们看到的是，一大批的杰出建筑师从中国悠久的建筑历史传统中汲取养分，不以民族、文化以及时代为藩篱，摒弃门户偏见与狭隘，超越简单的二元架构，以古老的中国智慧"天人合一"理念为根基，在一个个优秀的建筑作品中，诠释了建筑师的智慧与创见、勇气与担当。在西安，我们看到了张锦秋院士塑造出来盛唐气质！《长安意匠——张锦秋建筑作品集》系列，展示了张锦秋院士的多元风貌：从公用到民用，从纪念性殿堂到宾馆及现代民居，从博物馆到宗教建筑，从建筑单体到大型园林及城市设计，一个又一个精美绝伦的建筑美景和相连的园林让世人惊叹不已，为人们提供了可资借鉴的范例。

在如许精彩的系列作品面前，世人或许有一个大大的疑问：创造了这样一种丰富建筑图景的张锦秋院士，究竟有着怎样系统、缜密而前瞻性十足的思想底蕴呢？

一本新书——《从传统走向未来——一个建筑师的探索》，就是回答了这样的问题。

这是一本不能称之为新书的新书，因为它并不是第一次呈现在读者面前，而是早在 20 世纪 90 年代就以繁体字版形式出现，但因缘际会，未能成为解读张锦秋院士建筑作品的起点，未能与张院士的诸多作品一样流传甚广。甚至再进一步说，这本新书中的诸多内容，或取诸论文，或见诸报章，大体已经展现在读者面前。

但在今天，我们仍然必须说这是一本常读常新的书。在这里，我们可以发现张锦秋院士从学习、创作到思考的完整论证环，我们蓦然发现所有关于建筑创作与思想的熟悉不熟悉的、理念非理念的都在这里出现；我们惊诧的是，许多年前，张锦秋院士作出的关于传统和未来的判断在今天仍是前沿的命题，她的关注点仍然是今天需要探索和解决的问题，而对于她自己而言，这样的命题关注与探索竟是如此持之以恒！我们看到，张院士就建筑文化、城市设计、空间意识、建筑创作等各个方面的论述，直至今天仍然是建筑界的悬而未决的重点话题；直至今天，它们还在以顽强的姿态呈现在张院士的种种创作之中。我们惊讶地看到，张锦秋院士一直在以自己多姿多态的作品与思考编织传统与未来之间的现代一环！

当这属于过去的新书出现在我们面前之时，我们发出的仍是和美国著名作家福克纳同样的感叹：过去永远不会死去，过去甚至从来都没有过去！

序

张锦秋建筑师（20世纪）50年代后期在清华学习时，即显示建筑设计才能。1958年毕业设计阶段，正值首都国庆工程开始酝酿，她被遴选入由师生共同组成的设计小组，参与革命历史博物馆的设计。大学毕业后，选拔为研究生，从梁思成、莫宗江教授研究古建筑园林，对建筑遗产能悉心钻研，颇有心得。这两方面的学习奠定了她扎实的基本功与文化修养。研究生毕业后，赴西安工作，又积累了一定的工程实践经验。近十数年来改革开放，城市建设日兴，西安古都各项纪念性建设工程任务大增，亟须具有新时代精神，并赋民族的、地方特色的优秀设计。张锦秋脱颖而出，主持了一系列重大工程，这些被名之曰"新唐风"的创作，得到了中外建筑界人士赞赏，被国家授予"设计大师"的称号。她在繁忙的工程设计中，还积极从事探索，将过去论文编纂成册，取名为《从传统走向未来》，分学习篇、创作篇、思考篇，记录了她前进过程中的脚印，更展示了她对理论问题的思考，是一本令人读之颇受启迪之作。

锦秋在校时常与我论学，毕业后往来西安北京，对她工作时有了解，不免有所感怀。一个人取得成就殊非易易，才能、抱负、学品、基本功的修养、勤奋、责任感、机遇等因素很多。以锦秋为例，如果她没有在校学习的基本功的基础，即使一时的机遇，未必能有如此成功。她的成就，还在于积极进取，勤于钻研。我观察，她从不放弃机会，多方面虚心求教；她不固执己见，但非没有主见；她潜心创造，对设计精益求精。足见，是社会选择人。人首先以其才能和饱满的创造热情，并以工作贡献逐渐为社会所认识，亦为社会所培养，因此不断作出更多的贡献。

本书取名《从传统走向未来》饶有意义。锦秋文化根基来自传统，但用于实践不泥于传统，继续创新，走向未来，重要之点在于走向未来。"走向未来"这可以从两个方面来说：我对锦秋的成就当然欣喜，更寄以厚望。锦秋仍在盛年，仍在奋力精进，定有更多的成就，前人诗："欲穷千里目，更上一层楼"，登上新的高度，可领略更高的境界；但在科学的道路上没有坦途，如登泰山，过云步桥后才"此景始奇"，而这时则更难登矣。古人云："行百里者半九十"，亦即此意。

就建筑科学的发展言，以"走向未来"为目标，至为关键。一方面建筑科学的未知领域浩大无垠，可从各个方面进行开拓，所谓"条条道路通罗马"，无不可通向佳境。但如何从一己情况出发，包括目标与途径的选择，还需要在这纷繁变化的现实中，利用一切可能，越过种种"苛刻的羁绊"，在艰苦的思考与实践中，"审精微，致广大"，才能更有所得。本书说明，锦秋在思考，在进行新的探索。昔王安石云："世之奇伟、瑰怪、非常之观，常在于险远而人之所罕至焉，故非有志者，不能至也。"谨记偶感，愿与锦秋及有志于学术者共勉。

吴良镛

1992.1

目录

思考篇

后记

跋

学习篇

尊重传统，把传统所包含永远富有生命力的东西区别出来。

——罗丹

在梁公的书桌旁

（20 世纪）60 年代初，清华园里弥漫着一种暴风雨过后的清新空气。那段时间，我在清华建筑历史教研组当研究生，梁先生的书房就成了我常往的去处。书房朝南，两个大窗，十分敞亮。房间东端当空布置着梁公的书桌。书桌封面的西墙排满了书架。书桌右前侧是一条长沙发。左前侧是木茶几和靠背椅。小屋子简朴舒适，紧凑而不拥挤。冬春之交，梁公喜欢在书桌右角摆一盆"仙客来"，挺秀的朵朵红花显得生意盎然。梁先生经常坐在圈椅上侃侃而谈，我总是拉一把木椅坐在书桌前洗耳恭听，偶尔插话提问。梁先生社会活动多，他出差前常关照我到他书房学习。他说这里书多又安静，比学生宿舍条件好。

研究生课题定向时，梁公曾希望我随他学习宋《营造法式》。他通过系领导征求我的意见。因为我更喜欢中国园林，而且很想通过研究古典用于现代，跟谁也没商量就自己做主表示想研究园林。表态之后，我才想到应该先向梁先生请教一下才对，为此好几天心里不安。可喜的是梁公尊重我的志愿，支持我研究园林。那是一个黄昏，斜晖脉脉，书房的空气宁静舒缓。梁公笑容可掬地坐在他的圈椅上，又像是讲正事，又像是聊天地谈了起来。他先问我研究学习的情况。我说已随莫宗江先生多次到颐和园听他现场讲解分析，但题目尚未决定。我还说吴良镛先生对此也十分关心。梁公说："我虽然喜欢中国园林，但却没有系统地下过功夫。你有志于研究中国园林，这很好。这方面请老莫（即莫宗江教授）指导最合适。他对古典园林研究很深。不但对造型、尺度十分精到，而且对这种东方的美有特殊的感受，对一山一水，一草一木，一亭一阁，一情一景，都能讲出许多道理。"他又说小吴公（即吴良镛教授）能从规划格局上着眼，从总体布置上分析，这对于大型皇家园林的研究十分必要。要求我认真向两位老师请教，在深与博两个方面的结合上去探讨研究。一席亲切的教诲，成为我研究学习中国园林的指南。

1963 年梁公从广西考察回来，提到"真武阁"那座古建筑，十分赞赏。他打算写一篇文章，约我去作记录。那天上午，天气晴朗，窗外一片葱茏。梁公精神挺好，在书房里迈着方步，一句一句地慢慢讲来，偶尔停下来推敲一下用词，又继续口述下去。我坐在他的圈椅上一字一字地在稿纸上作记录。大约一堂课稍多的时间，他讲完了，文章也成了。就这样，几乎没有什么改动就被全文刊登在当时的《建筑学报》上。过去我听系里的老师说梁公如何才华横溢，这次亲眼见他出口成章、倚马可得，真是大开眼界。

梁先生有时很健谈，妙语连珠；有时又仿佛老之将至，有许多感慨。有一回，谈到书画品格、艺术风格，他说：作品的气质与作者的爱好也并非总是一致。比如他自己喜欢那种豪放的、有"帅"劲的风格，而他自己的字和画工整有余，"帅"味不足。稍停一下之后，他颇为感慨地说："这是我一生的遗憾。"接着他在案头顺手拿过一份他的手稿给我看，说道："看到自己'帅'不起来，所以我就一笔一画、工工整整地写字，至少要使人家看得清楚。"就是这句话，使我以后再也不敢伸胳膊伸腿地乱写"自由体"了。当时我接着说："您的罗马斗兽场那幅水彩不是挺'帅'吗？"他摇摇头说："并不满意，那画虽然表达了斗兽场的古朴、坚实，可是笔触和色彩都还不够洒脱，没能充分表现它的宏伟感和历史感。"

有一回说到建筑师的地位。那时梁公正给《人民日报》写《拙匠随笔》。他说："其实，我们建筑师就是匠人，给人民盖房子，使人民住得好。不应该把自己看成是主宰一切、再造乾坤的大师。我取'拙匠'正是此意。"

梁先生倡导民族形式，对于那些生搬硬套、穿靴戴帽的"半吊子"建筑总是很恼火，有时还用十足的"京片子"挖苦几句。他喜欢民族宫、美术馆。我说民族宫、美术馆就像在《祖国建筑》书中那幅《想象中的建筑图》。梁公说："实物比想象的更美。"

梁公很喜欢日本的古建筑。他对我说，日本保存的隋唐时代从中国传去的古建筑，比中国保存的唐代建筑要多，学习研究中国古代建筑不可不去日本。遗憾的是他虽然生在日本，却未曾去看法隆寺、唐招提寺。梁公还欣赏战后日本的现代建筑，是现代的又有传统，是和风的。他在讲到中国建筑要"中而新"时，也常举日本的例子。1985 年我两次出访日本进行建筑考察，当我伫立在一座座梁先生讲过的古建筑前，感到他讲的是那样贴切，就像他曾亲眼见到过一样。一时思绪万千，仿佛又回到了 20 年前的清华园，耳边又响起了梁先生为未见到法隆寺、唐招提寺而深感遗憾的话语。当我对日本京都、奈良文物界、建筑界的先生们谈到梁先生对日本古建筑喜爱时，日本的古建筑权威、京都府埋藏文化财调查研究中心理事长、工学博士福山敏男先生说："梁思成先生是我们日本的大恩人。是他在二次大战中向美国提出了保护奈良和京都的建议，我们的古都才得以免遭滥炸而保存下来。我们永远不会忘记他。"

我的关于颐和园后山的论文动笔之前，我曾拿着乾隆关于后山西区风景点的十一首诗向梁公请教。为了便于他看，我把那些诗抄在几张小纸片上，在不懂的地方画了横道。那天梁公格外高兴，他把这十一首诗逐字逐句讲给我听。乾隆诗中涉及大量典故，有些近于冷僻。但梁公不需查阅什么资料随口就引出出处。像"椰叶定无何足拟"句中的"椰叶"的出处，他立时随口说这是从《吴都赋》"槟榔无柯、椰叶无阴"中来。"可以谢蹄筌"那句他又讲是出自《庄子》"马蹄鱼筌"。在讲解完诗句后，他歇一会儿又对我说："中国园林不能只看空间形体而忽视了意境和情怀。中国园林是一个特殊的领域，凝固了中国绘画和文学。园林中的诗词，往往倒是这方面集中的体现。从你注意的问题来看，现在你的学习又进了一步"。这席话使我对颐和园后山西区诸风景点的意境有了进一步的认识。只可惜，论文脱稿时，正值"社教"运动热火朝天，阶级斗争弦绷得更紧了，梁公讲解的乾隆的诗境画意只好从论文中删去，并在论文中对这些诗还贬了几句。可喜的是梁公在上面亲笔注释了的那几页划了横道的乾隆诗，我却一直保留到今天。

梁公是一位卓越的学者，是我们的优秀导师。他的热情关怀，他的渊博知识，对专业真挚的感情、继承发扬祖国建筑传统的雄心壮志，对于鼓励我们年轻一代热爱专业、树立良好的学风和为祖国的建筑事业的献身精神，具有极大的感染力。

我有幸年轻时光在清华接受梁公和以他为首的清华建筑系诸位老师的教诲，引导我踏上了继承发扬祖国建筑传统、开创新中国建筑的征途。

往事历历，学海拾零，谨此致念。

（此文刊载于《梁思成先生诞辰八十五周年纪念文集》）

廊与空间

1961 年秋，于江南园林盘桓一月，感触颇多、受益匪浅。试以廊为题小结心得体会，作为学习建筑遗产的第一个习题。

当人们在园林中漫步，往往对多变的空间大有应接不暇之感，只有满眼丰富的具体印象却难以获得整体概念。这时若打开全园总图，顿若临空俯瞰，建筑群体历历在目。你将会发现：亭、台、楼、阁、厅、堂、榭、轩这些园林建筑都散点坐落全园各处，它们显然是园林景色的控制点。也正因为它们都是散点式的布局，因而这些建筑之间并未形成完整的空间，只有那些身为"配角"的廊子，将建筑相连接才构成变化多端的空间组织。廊子像脉络似地把全园串联起来，成为有机的整体。同时，我们还会发现：苏州园林空间之所以生动，固然与个体建筑造型的多样化及位置的高低错落有关，但是由于那些个体建筑的体型比较简单，除亭子之外，大都呈矩形，有严整的轴线，因此建筑空间之所以能错落、多姿，相当程度地有赖于廊的运用。所以，想要具体分析苏州园林建筑空间的构图手法，从廊的分析入手不失为一个研究途径。

古代造园家在苏州园林中大量运用廊子绝非偶然。首先，这是功能要求所决定的。江南多雨，园林中主要交通线自然应该避雨，廊作为主要通道也具有了引导游人观览的性质；园林要求"景多"，空间就应变化丰富。如果完全用房子来围合空间，一则不经济，再则园子有限的面积也不允许这样做。而廊子结构简单经济，平面布置上有极大的灵活性，正是尽变化之能事的好手段；与用围墙分割空间相比较，廊子在艺术效果上又有独特的优越性，廊子是"以空间分隔空间"，隔而不断，层次更多，与墙结合变化更丰富。这些都是园林建筑多用廊子的原因。

运用廊子进行空间构图，创造园林意境的手法十分丰富，从设计着眼可概括为四个方面。

廊子的虚和实

　　空间的性格与气氛相当程度取决于其虚实的处理。拙政园"柳荫路曲"一带要追求漫步湖滨、莺啼燕柳的舒展情趣，采用了全虚的空廊（图1）；留园"石

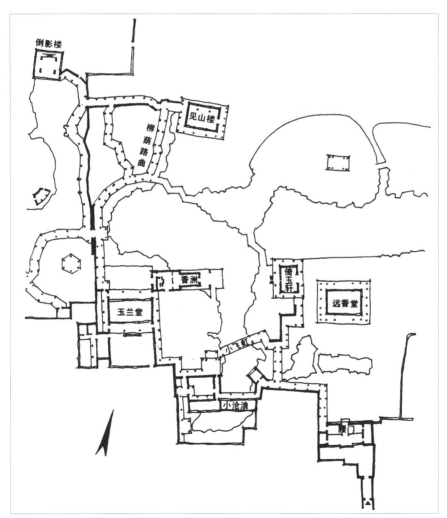

图1　拙政园局部平面

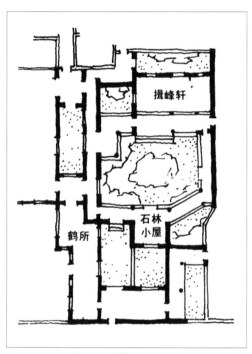

图 2 留园石林小屋一带平面

图 3 留园鹤所小院

图 4 拙政园小飞虹水院

林小屋"、"鹤所"一带，要想在有限的面积造成幽深莫测的空间感，若是运用空廊，显然得不到预期效果，但是采用了实墙面更多的廊子，就实现了这一意图（图2、图3）。

廊的虚实变化也是园林建筑空间掩映透漏的主要手段。进入拙政园"腰门"的一段曲廊虚而后实，造成了景物现而后隐，体现了空间掩映之妙（图1）。人们顺游廊西行，透过一段空廊看到小院。再透过"小飞虹"，湖光山色遥遥在望（图4）；顺曲廊北行，初露端倪的山池景色隐在墙后，至此游人视线自然由西而转东，远香堂庭院尽收眼底。这部分廊子的实墙从外观上也起到了以实衬虚、突出"小飞虹"的作用。这段曲廊不长，由于实墙布置得当，给游人展现了多处景

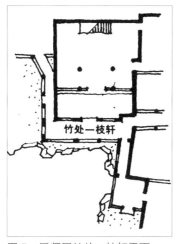

图 5　网师园竹外一枝轩平面

图 6　竹外一枝轩

色，它的虚实处理是掩映透漏的典范。留园自"古木交柯"至"清风池馆"一段长廊也利用虚实掩映创造了独特的艺术效果：按一般概念，临水的廊子总是以开敞为佳，但留园的设计者在这游人初临山池的地方，大胆地将廊子用实墙封住，透过漏窗，园景依稀可见，那漏窗有如纱幕，使主题欲显而不露。窗外射进的阳光更增加了空间的幽秘色彩。及至"清风池馆"豁然开朗，游人观览林泉，意境达到高潮。这是利用廊子的虚实，造成了空间收而忽放所取得的效果。网师园"竹外一枝轩"至方亭这一组廊的虚实处理也达到了左右游人的高水平（图 5、图 6）。

廊子的转折起伏

园林空间形态的变化常常有赖于廊子的转折。廊子每当转折处出现一个飞檐翼角，那是丰富空间轮廓的有力因素。像无锡寄畅园秉礼堂小院本是三面围廊的矩形空间，只因廊子在两处稍加转折，就打破了矩形空间的单调感（图 7）；至于苏州拙政园"玉兰堂"以高墙围合的庭院，也是由于曲廊的

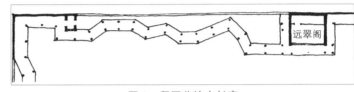

图 8　留园北墙内长廊

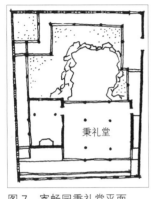

图 7　寄畅园秉礼堂平面

布置才打破了高墙深院的沉寂感。利用曲廊造就变化有致的园林空间在苏州园林中举不胜举。

　　廊子的转折也是增加空间层次的一种手法。上述的寄畅园小院之中，院角处廊子离开粉墙闪出约 12 平方米的天井，绿树葱郁，打破了粉墙的死角，似乎树后又通向另一个院落（图 7）。寄畅园东墙下的曲廊中有一个月门，望去绿荫宜人，好像又有一个芭蕉深院，其实不过是廊子折出后形成的咫尺天井而已。留园北墙下的长廊，与墙忽即忽离，在廊墙之间造成些许空地，植树栽竹，使人觉得围墙与廊相距甚远，增加了空间层次（图 8）。园林中的个体建筑显示了一种静态美，而当联系它们的廊子转折起伏获得动势以后，园林空间才随之具有情态，随之而创造了意境。拙政西园"倒影楼"前的一抹浮廊，起伏委婉，掠波而过，复又飘起，使人联想水波荡漾的形态和节奏。拙政东园的"见山楼"本是一幢四平八稳的建筑，但是由于北面是随山起伏的爬山廊，南面是顺水曲折的"柳荫路曲"，前山后水，面实背虚，两者交汇于"见山楼"，大有纵情挥洒之势，造就了苏州园林中动态最强烈的建筑空间。

　　看来转折无常的廊，原来竟有这等妙用！

廊子的尺度

尺度运用是苏州园林建筑处理手法上之精华所在，大有经验可循。

先辈们成功地运用尺度的相对性，在面积有限的园林中取得了开敞深远的空间效果。从拙政团"见山楼"凭栏南眺，但见空间深远，若无尽境。"香洲"、"倚玉轩"间，"小飞虹"遥遥在望，透过廊桥隐约可见的深深水院烟波浩渺，而实际上真正的距离比感觉上的距离要小得多。这是利用相对尺度形成视差的好范例：原来，"小飞虹"比一般廊子都小，高仅 2.28 米，在"香洲"、"倚玉轩"对比之下，感觉上就比实际远得多；而"志清意远"的廊子尺度比"小飞虹"更小，所以透过桥廊看小院，就更觉其深远渺茫了。

廊子尺度的运用与空间的性格也颇有关系。僻静的院落多用尺度较小的廊子，而开朗的空间，檐高间阔。当廊子尺度缩小时，与之相匹配的建筑构件也随之缩小。寄畅园里一个并不引人注目的小庭院，不但院小廊小，还特意在小院内用 9 厘米×17 厘米的小砖铺地，使空间之尺度感觉合宜，匠心之巧实当学习。

廊子与个体建筑之连接

在苏州园林中，许多建筑空间之趣味，往往产生于廊子与个体建筑连接之处。这说明廊子与个体建筑的连接处是建筑处理的关键部位。

拙政园"玉兰堂"与通往"柳荫路曲"的廊子相接处，不是简单的直廊相通，而是使廊子转折一下，并用一块粉墙将廊截断，使内部出现一条芭蕉小巷，从而使大体量的"玉兰堂"和平直的长廊有了一个起伏作为过渡，不但丰富了建筑空间，和月台也形成了呼应。

拙政园的"海棠春坞"是一个简洁朴实的院落，廊子平直无奇，唯有小厅两端与廊子的连接处，不是采用直接，而是与廊子之间空出一隙之地，用矮墙隔成

图 9　拙政园海棠春坞平面

图 10　留园揖峰轩

一极小的天井，植树立石，成为室内之借景，同时，也丰富了室外空间（图 9）。留园揖峰轩东山墙处与廊的相接与此有异曲同工之妙（图 10）。鹤园则是另一种处理方式（图 11）。

拙政园"见山楼"与爬山廊和"柳荫路曲"的连接极妙。设计者利用一廊滨水、一廊爬山的高差，将它们组合成双层桥廊通往"见山楼"而极富情趣。在关键部位着意处理，一则是为室内创景，一则是通过造景处理来烘托主体建筑，有吸引游人的作用。

廊子的综合运用

以上，我们从廊子的虚实、转折起伏、廊子的尺度以及它与个体建筑的连接等设计手法作了一点分析。分析对于研究是必不可少的，但是园林设计的要点全在于综合运用、巧妙结合，方能使空间变化无穷。下面，结合苏州留园，从大门经"古木交柯"到"绿荫"这一段落之中，廊与空间的变化，谈一点对综合运用的感受。

图 11　鹤园一角

　　留园是建于住宅后的园林，当年园主经常从内宅入园。为接待宾客游园，不得不沿街设置大门，在两道高墙之间穿行而入。如何将这长达 50 多米的走道处理得自然多趣，实在是个难题。造园匠师以精湛的建筑技巧解决了这一难题（图 12）。

　　从建筑空间处理的角度分析，可将其成功的妙处归结为一个"变"字。在两侧为墙所限制的条件下，充分运用了空间大小、空间方向和空间明暗的变化等一系列的对比手法，使游者兴趣盎然地走完这段路程（图 13）。

　　一进大门，是个比较宽敞的前厅。从厅的右侧进入窄长的走道。经过二折以后，进入一个面向天井的敞厅。随后以一个半遮半敞的小空间结束了这段行程。由此来到"古木交柯"才算真正入园。空间大小的不断变化，"放""收"再"放""收"，

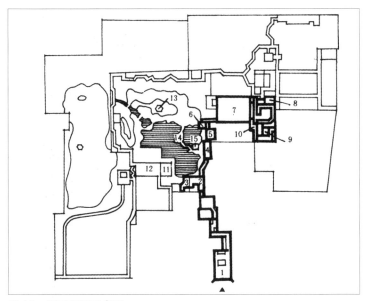
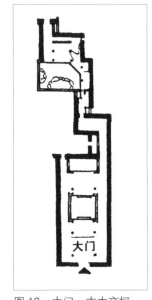

图 12　留园平面示意图

1. 大门　2. 古木交柯　3. 绿荫　4. 曲溪楼　5. 西楼　6. 清风池馆　7. 五峰仙馆
8. 揖峰轩　9. 石林小院　10. 鹤所　11. 明瑟楼　12. 涵碧山房　13. 可亭
14. 小蓬莱　15. 濠濮亭

图 13　大门—古木交柯

就完全打破了过道的单调感觉（图 14a）。

从大门到"古木交柯"的通道巧妙的顺势曲折，构成丰富多变的空间组合。由前厅进入南北向的廊子继而转成东西向，接着又是南北的空间。在这小小的地方，廊子还抓紧机会折了一下，继而又由南北向的廊子临东墙延伸进入敞厅。由敞厅西北角进入南北向的小过道，然后到达"古木交柯"（图 14b）。

以上两种变化固然重要，但空间明暗的变化，对空间艺术气氛的渲染作用更大。一进大门的前厅，由于功能要求（原来上下轿子的地方）面积较大，但夹于左右二宅高墙之间，无法采光。于是在厅中开天井，成为一种独特的入口形式。继续前行，在窄廊的两侧不断忽左忽右地出现透亮的露天小空间（图 14c）。尤以图中 A、B 二处，处理得格外巧妙。A 处实际只是一段简单的过道，但由于分出了两小块露天空间，一偏东南，一偏西北，这样就使空间富有风趣（图 15），为简洁朴素的建

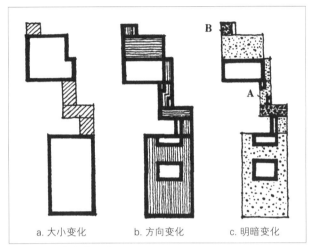

a. 大小变化　　b. 方向变化　　c. 明暗变化

图 14　三种变化示意

图 15　A 处空间变化

筑增添了多彩的光影变化。B 处 60 厘米宽的"天井"更具有显著的装饰性。这样，利用咫尺露天空间形成空间的明暗变化，使沉闷的夹弄富有生气。

　　以上三种变化的结合使一条通道处理得意趣无穷。

　　穿过重重通道进入"古木交柯"（图 16）。由暗而明，由窄而阔，迎面漏窗一排，光影迷离，透过窗花，山容水态依稀可见。回头南顾，和风丽日溢于小庭，雪白的粉墙衬托着古树一株，朴拙苍劲。整个空间干净利落，疏朗淡雅。从西面两个八角形窗洞中，透出"绿荫"之外的山池庭院。由窗旁小门进入"绿荫"区，可见一更小的天井，这里点缀着巧石翠竹，显得幽雅闲适。穿过镂花木隔扇，即来到敞榭之中。近处与"明瑟楼"相傍，远处"可亭""小蓬莱""濠濮亭"一一在望，湖光山色尽收眼底。从"古木交柯"的入口到"绿荫"，虽然空间的绝对尺寸很小，层次却极丰富。这共约 140 平方米的建筑群犹如整个园林的序曲，引人入胜，恰如其分地点出主题。

　　对这样一组建筑有以下几点要求：

　　其一，"古木交柯"与"绿荫"位于山池区的东南角，是由大门入园的交通

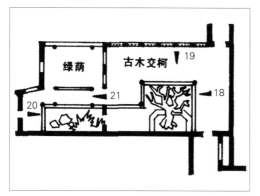

图 16 古木交柯与绿荫平面图

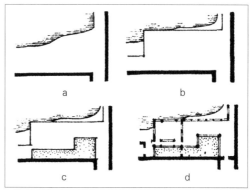

图 17 古木交柯与绿荫的空间处理

枢纽。因此这里的空间应有明确的方向性：把游人引入"明瑟楼"与"涵碧山房"而渐次进入山水之间。因此，在这三叉口上必须向游人指示出何去何从。

其二，由于它是园林游览路线的起点，按照我国传统的造园手法，应该避免开门见山一览无余，但又因到此之前，游人已经穿行了一长串较封闭的过渡性空间，这里不能再过分封闭，因此必须恰当地解决需要收敛又需要舒展的矛盾。

其三，从园林艺术角度要求，更重要的是意境的创造。在园林中，"入口"或是"交通枢纽"都不应该是纯功能的，应把功能的解决融于意境的创造之中。

究竟在空间处理上运用了什么手法才满足了这些要求？具体分析如下：

从平面布置来看，此处位于全园的东南墙角，在这里设立建筑作为交通枢纽（图 17a），既要考虑地形条件（与水面的关系），又要强调西行的方向，因此把建筑轮廓定为东西向的矩形（图 17b）。为了衬出山池景色的自然开阔，所以先在这里辟出尺度极小、人工气息较浓的天井（图 17c）。随后添上一道隔墙和一道隔扇（图 17d）。这一道隔墙划分了"古木交柯"与"绿荫"界限。"古木交柯"成为建筑与天井互相"咬合"的有机整体，突破了一般矩形小天井的形式，使空间更为生动。在天井中出现完整的檐角，也对丰富空间起了重要作用（图 18、图 19）。"绿荫"与"古木交柯"并列，却采取了不同的手法。这里室内外

图 18　古木交柯的天井与建筑处理

空间都是简单的矩形，却特别强调空间尺度感的对比。本已很小的地方还加上一道隔扇，故意使天井变得更为幽僻小巧（图 20），以便进入"绿荫"这个敞榭时显得格外开敞（图 21）。所以说，"古木交柯"与"绿荫"平面布置的成功是由于室内外空间的"咬合"和隔墙、隔扇的"巧隔"。

　　其次，从垂直面的处理来看，"古木交柯"的北面为了掩映园内景色，采用了一排漏窗，使山池不是暴露无遗，而是埋下伏笔。西面隔墙上开着两个八角形的洞窗，成功地利用了透漏手法把观众引向西行，进入绿荫只见朝北整面无墙，完全敞向山池。这三种墙面的处理手法是：掩映—透漏—敞空，就是这样，把游人由一个境界带入另一境界。此外，"古木交柯"天井的南墙本是住宅区的高墙，对于园林处理是极不利的因素。然而，这里却运用了最精炼的手法：保留了原有的一株古树；傍墙围树筑起一座花台；在墙上嵌入"古木交柯"四字。整个天井中别无其他

图 19　古木交柯

图 20　"绿荫"的敞榭

图 21　"绿荫"室外空间处理

装饰，仅此一树一台一區，形成了耐人寻味的画意。墙身虽高，但白色的墙面却作为画底消失在"古木交柯"的意境之中（图 19）。因为天井进深本来就小，站在廊中，如非特别注意，根本看不见墙头，但见一片虚白。因失去真实的尺度感，而不感到天井窄小。匠师在此运用最简练的手法，化有为无，化实为虚。

　　江南园林之中，廊是如此丰富多彩，变化多端，它不仅有联系交通、遮风避雨的实用功能，同时在构成园林空间与意境创造上，它联系分隔、穿针引线、铺垫衬托，对园林风景的展开和景观序列的层次，起着重要的组织作用，真可称为江南园林中最得力的"配角"。在近代和现代建筑中，廊越来越引起人们的重视，正在各类建筑中被广泛运用。我觉得在江南园林建筑遗产中，仅廊子这个小题目，就值得广为借鉴和深入发掘。

　　（此文作于 1961 年秋）

颐和园风景点分析之一
——龙王庙

岛的由来

颐和园昆明湖中分布着许多小岛，其中正对万寿山的叫做龙王庙。这是全园中一个重要的风景点。

早在颐和园出现之前，龙王庙就因为它颇得自然之胜而见于记载。明代宋彦的《山行杂记》中提到："西湖北岸长堤五六里，砌石古色可爱，夹堤烟柳，绿荫参天，树多合抱者。龙王庙居其中。"那时的"西湖"比今天的昆明湖小些。湖的北岸就在龙王庙一带。龙王庙与万寿山之间是一片稻田。正如宋彦所描述的那样："夏月行堤上，内视平畴万顷，绿云扑地。外视波光十里，空灏际天。"记中还提到："步西堤右小龙王庙、坐门阑、望湖。湖修三倍于广，庙当其冲，得湖胜最全。"这座得湖胜最全的小庙在清乾隆北拓西湖为昆明湖时，被保留在湖心。《日下旧闻考》记载道："昆明湖上旧有神龙祠，爰新葺之而名之曰广润。"这样，乾隆既表达了对龙王爷的敬意，又得到了一个丰富园景的风景点。

龙王庙在颐和园中的作用

关于龙王庙的具体规划意图，已无文献可考。但在进行大园林中的风景点规划时总要考虑其"成景"和"得景"的问题。因此现在我们也可以从这两方面来分析现状，从中吸取经验。首先看看龙王庙在园中"成景"的作用：

昆明湖上岛屿很多，包括水周堂、治镜阁、藻鉴堂、凤凰墩、知春亭、龙王庙，共有六处。龙王庙正当万寿山前，位于最大的湖面的中心，地位格外显要（图1），无论从山巅或湖上、自东堤或西堤，瞭望湖景都能看到这个小岛。因此它在园中起着重要的点景作用。但若进一步分析就可以看出它的点景作用决不仅是一般地提供一个观赏对象，而是有着更为重要的意义。

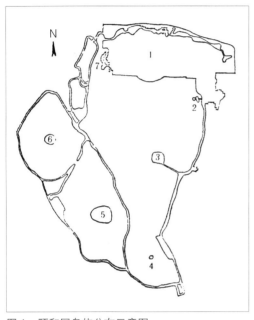

图 1　颐和园岛屿分布示意图
1.万寿山　2.知春亭　3.龙王庙　4.凤凰墩
5.藻鉴堂　6.治镜阁　7.水周堂

丰富地貌　联系湖山

颐和园前湖区的基本构图是万寿山和昆明湖的组合。但根据自然原状，万寿山是东西走向的孤山，昆明湖则平铺在山前。湖山之间地形的结合比较生硬，所形成的湖山并列的景致也就单调乏味。这本来是就瓮山（万寿山原名）造园的一个不利条件。设计者为了解决这个矛盾曾颇费心机，如后湖的开凿、东岸建筑的安排，等等。前湖中岛屿的安排也在克服这个不利因素中起了相当的作用。山前大片水面上突出岛屿，在创造湖山形势方面形成了水中有山的地貌。山岛打破了大片水面的单调，与主山遥相呼应，使主山与湖面的结合密切起来。在风景构图上比简单的一山对水要丰富得多。

分割湖面　形成景区

龙王庙的桥、岛把万寿山前的湖面划分为两个景区。桥、岛以北这区，只有西面是重山叠翠的自然景色，湖的东、南、北三面都是殿阁亭台，湖岸都是砌石驳岸。这一区显示着皇家园林所特有的壮丽华贵。而桥、岛以南，除龙王庙本身以外，湖的东、南、西三面都是长堤烟柳，这里是以自然美为主的水乡景色。可以设想，如果没有这一桥、岛的掩映，那么全湖四周景色一目了然，园林艺术效果必然远逊于现状。

尺度对比　扩大空间

　　颐和园这样的皇家园林当然比私家园林大许多，但与自然风景区相比毕竟还是不大。所以在规划时，仍然力求空间开阔、湖面深远。昆明湖上设置小岛就在这方面起了一定的作用。如果湖上没有岛屿，湖面空则空矣，但却没有显示其大小的条件。湖上若有小岛，用它们作为衡量湖面大小的尺度标准，就会显得湖面宽敞一些。更会因为人们受远小近大这一概念的影响，往往误认为岛屿是因距离远而显得小，从而感到湖面较大。例如，当游人从万寿山上俯视前湖的时候，就会感到昆明湖深远微茫。实际上湖面南北纵深还不到 2000 米。这是因为一方面湖面自北而南宽度逐渐减小，加强了透视感，另一方面，万寿山、龙王庙、凤凰墩三者的尺度也依次递减。因此从前山南望，龙王庙作为中景与作为远景的凤凰墩所形成的对比关系，在人们的视觉中会感到后者所处的空间位置比实际距离显得更远，从而加大了南湖景深。这是根据透视原理，创造若干景物的尺度对比、利用错觉以"扩大空间"的一个范例。

　　以上三点都说明龙王庙作为风景点在园中"成景"方面所起的作用。

　　同时，还必须看到龙王庙在颐和园也是一个"得景"丰富的观景点。因为它位于主要湖面的中心，能兼得四围景色，又有比较适中的视距，因而为得景提供了得天独厚的条件。首先，龙王庙北对万寿山全景，看到的是一幅楼阁崔嵬的壮丽图画，这与其他地方从其他角度所看到的斜透视在效果上很不相同。也正因为这里几乎是全园唯一正视万寿山全景的地方，因此可以更全面地欣赏到前山整体的建筑布局艺术。其次，从龙王庙南望，则是湖波渺茫的水景，完全是平远清淡的情调。尤其当处在凸入水中的鉴远堂内凭窗瞭望时，这种感受就格外突出。再次，若由岛上向西眺望，则见碧波、长堤、层层西山簇拥着玉泉山塔。在这里，人的视线可以由西堤的南端一直横扫到万寿山，这幅天然的"山水长卷"长约 2000 米。可以说，颐和园内还没有其他风景点能以这样宽阔的视野来欣赏风景。同时又由于龙王庙距西堤较近，在这里所见的"长卷"中以西堤为中景，透过堤柳还能看

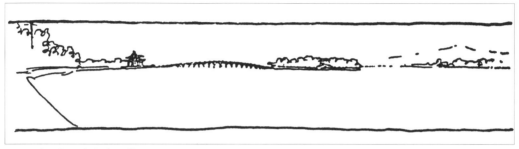

图2　亭、桥、岛组合的效果

到堤西的湖面和建筑，景的层次比从前湖的东堤看到的丰富而明晰。平常在东堤上看到的西堤已是很远的远景了。由此可以看出，龙王庙作为风景点，不仅得景多，而且所得的景都很有特点，别具情趣。

亭、桥、岛的组合

作为一个风景点要起到上述这些作用，仅凭一个小岛是很困难的。能够划分景区的东西须要有一定的长度和体积，一个孤立的小岛分隔不了湖面。如果采用大岛则又破坏整个湖面的尺度。这里采用亭、桥、岛组合的总体量既足以适应分隔景区和点景的要求，又不至于像个庞然大物（图2）。

当然，其所以采用长桥与岛连接，也还因为有一定的功能要求。"清皇室历年于春秋两季遣派大臣至此拈香上祭，以答苍霖之庥"（《万寿山名胜蘡实录》），需要由一条比较堂正的陆路通往岛上，架设长桥自然就很必要。由此可见，无论从造园艺术上还是从当时的功能上来看，采用亭、桥、岛组合的方式都不无道理。

如进一步分析，就会看到在亭、桥、岛的具体处理上还有更细致的经验，但也有不成功的败笔。

平面布置

　　亭、桥、岛相互的平面关系都是歪斜的。桥既不垂直于堤岸，也没有正对岛身，而是从东南斜着接到岛上（图3）。一方面，这可能与造园时的现状有关。因为广润祠是保留的旧建筑，位置是已定的。它坐北朝南，岛上祭祀路线就需要由南而北。因此桥最好是在岛的东南角上。而接岸的桥头又宜于选在距岛最近的地方（也就是旧堤与新堤的交接处）。这样，桥身的方位就被决定了。但这只是一种推测的可能性。另一方面，从园林艺术效果来看，恐怕更为重要。由于长桥偏在岛的东南，使东堤、长桥、小岛形成回合环抱的形势。似乎作为东堤石岸结束点的小岛又在回顾万寿山，从而使龙王庙以北的景区更为明确、完整。堤岸和岛岸在与长桥相接的地方都特为处理成弧形，就是为了加强这种回环的趋势。

　　桥头廊如亭位置的决定也颇费心机。作为桥、亭、岛组合的一部分，亭不宜离桥太远。但近了又容易影响桥头的交通，因此把亭子放在桥头偏南。这样距桥又近，北面留出足够宽的地面又显示了主要的交通路线。至于具体究竟离桥多远、偏南多远、偏南多少，又是由亭子的"得景"要求所控制的。在现场不难发现，从廊如亭西望，十七孔桥、岛上的鉴远堂与远处的玉泉山恰好构成完美的画面。此外从亭内眺望南湖、近看长桥都能得到较好的视景关系。

立体构图

　　这组主要景物是长桥和小岛，为了取得构图的均衡，在桥的东头设置了重檐攒尖的廊如亭。但从现状看来，岛的体量与十七孔桥不很相称，岛本身的立体轮廓也太单调，因此总的形象并不太美。但是根据《万寿山名胜蒉实录》和弘昑所画的《都畿水利图》

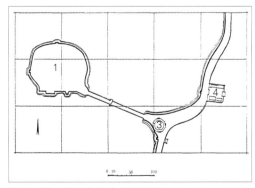

图3　亭、桥、岛组合的平面图
1. 龙王庙　2. 十七孔桥　3. 廊如亭　4. 新宫门

图 4　三层阁与一层阁的效果比较

可以知道，现在的涵虚堂原来是三层高阁（望蟾阁）。阁后左右对称布置着的月波楼和云香阁就是用以衬托高阁的。这样，虽然岛的总体量没有增加多少，但由于体形有对比，岛就以挺拔高耸的轮廓与带状长桥取得平衡（图 4）。望蟾阁毁坏后在这里建造一层的涵虚堂，自然就与原来的设计构思不符了。从此，从湖上望去总觉得桥大岛小不甚协调。还有桥与岛的连接从立体上看也感到接头缺乏处理，显得脆弱。又如廊如亭的体量太大，近看时未免呆笨。这些都不能不说是亭、桥、岛组合处理中的败笔。

岛上的布局和建筑处理

岛上有观赏性的园林建筑，有居住建筑，有宗教祭祀的祠庙，还有一系列服务设施。如何在岛形风景点上处理好这四种建筑的布局关系是一个难题。因为这里不仅要像在围墙环抱中的园子一样充分考虑内部的关系，还要密切注意与岛外四周景物的配合。既要考虑向四外观景，又要考虑岛本身的四面在湖上成景，更要考虑与四周的交通联系。

功能分区

首先在功能分区上恰当地处理了上述联系。岛基本上被分为两区，北部是山林，南部是建筑群（图5），土山在北部既能形成建筑群背山面水的形势，又可以和万寿山遥相呼应。北部土岗起伏、高阁耸立、山道蜿蜒，就近可以欣赏岛上的楼台，远望则有万寿山和西山、玉泉山。这里确实是岛上"可游"的场所。祭祀区因旧设在南部偏东。有长桥和东堤相通，便于祭祀活动。居住建筑在岛的南部偏西。这里近凭南湖、远眺西山，是安静养息的好地方。辅助性建筑则被安插在没有外景可看的东部，外面再围上土岗，使它不致于直接暴露在湖面上。

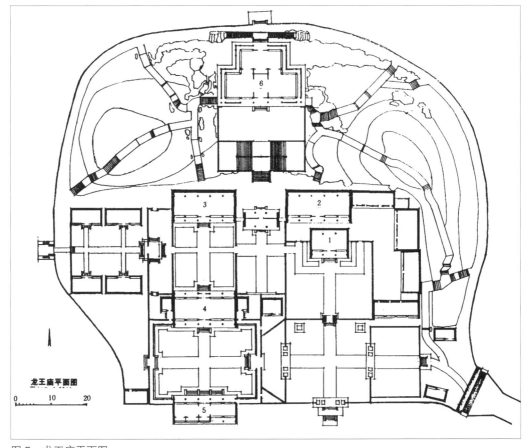

龙王庙平面图

0   10   20

图5　龙王庙平面图
1.广润祠　2.云香阁　3.月波楼　4.澹会轩　5.鉴远堂　6.涵虚堂

　　以上所述的功能分区具体通过五条轴线组织起来，整个格局非常严整。但这里透露出的最宝贵的经验是严整而不失于呆板。现在从建筑和园林处理两方面加以分析。这一节中着重谈建筑处理，园林部分在下一节中单独分析。

五条轴线的组合

　　如图6所示，岛上共有轴线五根。每根轴线都有一端伸至岸边，分别成为此岛东、南、西、北四个立面的构图重心。同时轴线A、C、D都是以

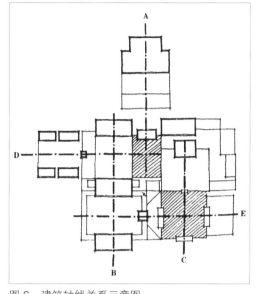

图6　建筑轴线关系示意图

码头作为轴线上布局的起点。轴线E的起点虽没有码头，但东端却紧接桥头。所以这四根轴线各有一主要朝向，其起点成为岛的对外交通口。这反映出岛内严整的轴线布局与岛的对外联系紧密地结合在一起。

　　岛内功能分区的组合是通过相应的轴线组合而完成的。分别穿过山林、居住、祭祀三区的A、B、C三根平行轴线，被东西向的D、E轴线联系起来。轴线E横向穿过居住区与祭祀区的轴线C相交。二者结合的关键就是轴线相交处的空间处理（图6）。原来广润祠外的空间是东西长的矩形，因此，东西向轴线感很强。相形之下广润祠不够堂正突出。为了加强广润祠，将祠门前的空间分而为三。在中部，用三座牌坊和一对旗杆，按广润祠轴线东西对称地布置成一个方形空间。这样强调了广润祠，又丰富了空间层次（图7）。轴线D与山林区的轴线A相交。同样这里也是用一个过渡性的空间作为轴线结合的枢纽。在这周以围墙的院子里，用磨砖影壁结束了由山林区延伸而来的轴线。

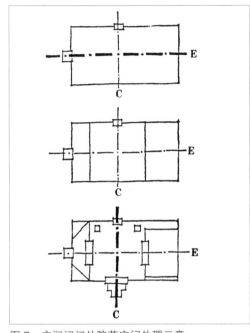

图 7　广润祠门外院落空间处理示意

在这封闭的院落中，东、西两侧的粉墙上轴线 D 贯穿处开有月洞门，自然地把旁边的两个院子联系起来。这个院子，成为山林、居住、祭祀三区联系的枢纽。

五根轴线就是这样通过两个过渡性空间结合成有机的整体。可以看出，由于有严整的轴线，所以岛上每个院落都完整对称，具有端庄的气派；又因为轴线彼此纵横交错，把性质不同的群组巧妙地组合起来，形成富有变化的建筑构图。这是北方皇家园林建筑的一种典型的平面布局方式。

五个院落的处理

此外，建筑院落的具体处理也对丰富空间变化起着重要作用。在建筑群组中共有五个正式的院落，个个严格对称。这本来容易单调枯燥。但设计者采用不同的建筑处理，恰如其分地强调了每个院落的不同身份，因而每个空间具有不同的性格。游人穿行其间或短期居留都不会感到单调乏味。

由长桥入岛或由南码头登岸，首先来到广润祠外的院子。这里对称布置的牌坊、旗杆，整齐成行的柏树，以及红墙黄瓦的祠门都显得古寺森严。进入祠门，则见四面红墙，确实是个适于祭祀而毫无游息之趣的场所。西部两个居住院落的处理与此全然不同。虽然建筑也用鲜艳的彩画，但大片粉墙，首先给空间提供了明静的基调。院中树荫铺地、花影掩帘，自呈一种安逸的景象。即使同是居住院落，澹会轩前后两个院子建筑处理不同，气氛也有所不同。由于当年皇室有时在前院召见大臣议事，那里具有一定对外的性质，所以院子本身较大，四周围廊，西面临湖开门远借玉泉山入院。整个院子显得开敞。而澹会轩以北的院子，不仅面积小，两侧还都用实墙，院门作月洞形，并不直接对外，必须通过一道垂花门才能看到湖景。因此，这里更像居住内院。至于广润祠与月波楼之间的院子，则因为是居住、山林、祭祀三区的过渡性空间，本身个性不宜太强，所以建筑处理对三区都各有照应。例如本身绝对对称的构图和大影壁造成比较严肃的气氛，与东边祭祀区相适应。同时也运用粉墙、洞门这些带有园林趣味的处理，使它与西面的内院和北面的山林相调和。于是这里形成一个过渡性院落。

五个院子，五种形式，五种气氛。这不是为变化而变化，而是为了更好地表现主题或结合功能着意加工的结果。如何创造有个性的园林建筑空间是园林设计中的重要问题。龙王庙群组在这方面也提供了一定的经验。

尽管如此，整个岛上毕竟还是由于建筑太多而失于拥塞。有的地方强作对称也显得不合情理。例如为了在涵虚堂以南有一对陪衬的楼房，便在广润祠后面硬塞了一幢云香阁，使它与月波楼对称。实际上云香阁与广润祠的关系非常尴尬，难以使用。这都是建筑布局不足之处。

岛上园林艺术特色及手法

现在来探讨一下岛上的园林艺术。为此，必须先了解主题，体察意境，然后进而总结其实现意图的成败得失。

主题

从零星的材料和现场观察中可以看出一些龙王庙岛上的园林设计意图。据《日下旧闻考》记载，乾隆扩大西湖有仿效汉武帝昆明湖的意图，因此也以"昆明"命名。虽然这只是"仿意"，而不是"仿形"。但从龙王庙、藻鉴堂、治镜阁三个主要岛屿鼎足而布的形势，仍不难看出，这还是因袭了蓬莱、瀛台、方丈海上三山的传统。此外，在长桥南北各有一方石额，南面是"修蝀凌波"，北面是"灵鼍偃月"。修蝀灵鼍都是传说中的仙界神物。又如，现在的涵虚堂原名望蟾。"望蟾"二字标明这里以月为主题，藉以引起游人对天上宫阙的联想。诸如此类都有助于了解设计所追求的境界。如乾隆就曾在望蟾阁诗中写道："霄映漪光碧，波含倒影红。隔湖飞睨者，望此作蟾宫。"总之，在岛上所见到的往往是神话和仙山楼阁图画中常见的景物。凡此种种都说明，这里并不是以文人士大夫对自然山水的诗情画意作为主题，而是企图创造一种帝王所理想的"人间天上"的境界。

今天我们来研究龙王庙的园林艺术，对这种帝王追求神奇的迷信主题是否定的，但仍有必要从艺术手法上进一步探讨总结。其中必然包含着普遍的园林艺术规律和可以借鉴的设计经验。

道路造景

在前一节中已经谈到整个岛上的布局都在严整的轴线构图之中，就连北部的山林区也有一根明确的轴线。岛的北半部基本上以涵虚堂为中心东西对称。就一般看来，这样孤立地把一幢建筑堂堂正正地居中布置是缺乏园林趣味的。设计者就在这样严格对称的布局中巧妙地运用道路布置求得了丰富的变化。这里作为主要观赏的对象只有一个涵虚堂，但是每条路都引导游人从不同的角度去观赏这一主体，得到气势截然不同的许多画面。因此，可以说岛上的"景"是很丰富的。涵虚堂左右各安排了四条路，现在以东面四条路为例试加分析：

下长桥后沿湖绕山而行，北面紧临平湖微波，南面是山林巍阁。这种依山傍水的形势构成了一幅舒展的横幅画面（图8）。继续向前，来到涵虚堂下，由于道路紧贴在高台下，使游人以极大的仰角观赏高阁，因而感到涵虚堂格外高险。如是当年的三层楼就更加可观了。这就是"以至近求最高"的办法，造成陡峭的

图 8　下桥后沿湖行初见涵虚堂

形势构成险峻的立轴（图 9）。在这短短的一条路上就欣赏到了情势如此不同的两种景象。如果下桥后从山路沿山脊而上，前一段直路完全在浓荫包围之中，除了绿树只见偶尔闪现的波光。及至走到最高处，道路一转，才突然看见蜿蜒起伏的山路通向金碧辉煌的涵虚堂（图 10）。因为这条路完全是沿山脊而行，所以得到的画面往往是平视效果，与那些仰视的景致趣味极为不同。另有一条路，从岛的北岸斜插而上，通到涵虚堂东端的"仙人台"。这条路以堂前的雕栏玉砌和"仙人台"为对景，它们的后面是一片晴空。透过绿荫仰望，白云、青天构成了空明的景色。还有一条路，从山坡南麓傍台登山。它以堂的飞檐为对象，构成一幅路陡檐高的垂直画面（图 11）。以上四条路，都是以涵虚堂为对象，但由于它们是从不同的角度去接近建筑，道路本身又随地势不同而有各种不同的姿态，因此所看到的景（也就是构成的一幅幅画面）就情趣迥然不同。即使在同一条路上，设计者也注意使道路每一转折起伏在游人面前展示新的画面。每走完一条路，有如欣赏完一套组画。如图 10、图 12、图 13 就是第二条路上每一转折处看到的景致。设计者就是这样以道路的变化创造出主体单一而景致各异的园林艺术效果（这里只谈及东部。虽然西部由于以欣赏外景为主而与东部稍有不同，但其道路布置与东面大体对称，手法基本相同，所以不再重复）。

图9 涵虚堂下仰视

图10 下桥后沿山脊初见涵虚堂

图11 由山坡南麓通往涵虚堂的山路

借景

作为一个风景点，除了内部本身要有景可看以外还必须很好地与周围外景结合。这也就是通常所说的"借景"问题。在《园冶》中，计成早就说过："借者园是虽别内外，得景则无拘远近。""俗则屏之，嘉则收之"。这是一个普遍原理，在不同的园林中则有它自己将原理具体化的经验。龙王庙也是如此。

在岛的东面只有东堤，没有多少景色可看，所以在堆土成山的时候加高了东部山头。上面置以密林，以便更好地遮挡视线。现在由堂前东望，只见山林环抱而不见东堤了。岛的西面与此相反，西堤、西湖、西山一一在望，景色特佳。因而岛上西部的山头就堆得稍为低些，树木种得稀些，以便游人在涵虚堂前就能欣赏到西面的湖光山色。这东西两边山林的不同处理正体现了"俗则屏之、嘉则收之"的借景原理。

图 12　沿山脊而行所见的景

图 13　沿山脊行至涵虚堂旁

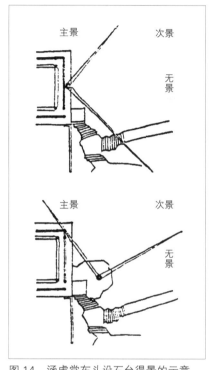

图 14　涵虚堂东头设石台得景的示意

在园林中往往更多的情况并不是随处都能看到外景，而是必须在设计上作一些努力，创造一些条件，把原来看不到的外景借过来。例如提高视点就是借景的一个办法。我国许多名江大川之旁常常筑有高台敞阁，以便看到在平地上所见不到的景物和场面，像滕王阁、岳阳楼、黄鹤楼都是。这里虽然是在园林中，但在高台上建造三层高阁，也能收到"八极可围于寸眸，万物可齐于一朝"的效果，当年的望蟾阁就把万寿山、南湖乃至在东堤外很远的畅春园都"借"到三层楼上去了。此外也可以在平面上移动视点以借得远景。例如：在涵虚堂东头得景条件较差。因为龙王庙岛在前山中轴以东，岛身又面向东北，在涵虚堂的东端面向单调的东堤却看不见前山中轴群组。所能见到的乐寿堂和文昌阁体量又太小，不足以构成画面主景。设计者就利用假山巧设"仙人台"，凸出在涵虚堂台基的东侧，使游人在山石上有可能把视点向东移出，因而"借"到了原来被涵虚堂挡住的万寿山中轴群组。又如，在东部三条山路会合的地方可以看到设计人在借景处理上的匠心。这里不同方向的三条路会合以后，就由踏步把游人引到涵虚堂去，在拾级而上的时候人们自然抬头前望。在正前方恰好是一幅涵虚堂转角柱檐与远处佛香阁构成的画面。如果仔细观察就会发现，假如踏步偏西一些，佛香阁就被柱身挡去；踏步偏东一些，佛香阁就远离角柱而构图松散。目前视景的构图关系则恰到好处。这足以说明当时匠人在安排踏步的位置时是经过深入细致的推敲的。这个例子道出了"借景"的一条重要经验，就是：成功的"借景"不只是使游人看到别处的景物，更重要的是使游人欣赏到完整美好的画面。这就要求造园者对景物的安排有所经营。"借景"的成败高低关键就在这里。至于构成画面的具体手法当然各有不同。有用门框、窗框作为画框取景的，也有把近处的景物作为画面的前景与所借的远景配合起来取得完美的构图的。因此，在远景甚至近景也既定的情况下，多方面设法把游人引导到适当的位置以便看到近景、远景较好的构图关系，这对园林道路设计是很重要的。

由于这样在山形布置、建筑设计和道路安排上处处注意与外景的结合，所以岛上比较简单的景物得以与四周的景物融为一体，从岛上看去，景色变化也就丰富起来。

龙王庙北部山林区就是利用多样的道路变化造景，并充分发扬"借景"这一传统造园手法，在比较简单严整的布局中造成了多变的园林趣味。

结语

上面总结了一些龙王庙的设计经验，但也看出亭、桥、岛的关系以及建筑布局等方面存在某些不足。显然龙王庙并不是清代皇家园林风景点最好的典范。不过我们从龙王庙也仍能看出那些从整个园林的"成景"、"得景"出发规划风景点，严整灵活地组合不同功能的建筑群组，充分利用道路造景以及"借景"等一系列的经验。这些对今后大园林中和风景名胜区风景点的设计不无现实意义。

（此文发表于1964年清华大学土建系建筑历史教研组编《建筑史论文集》第一辑）

颐和园后山西区的园林
原状及造景经验

　　颐和园原名清漪园，建于 1750 年，是以北京西郊的瓮山和西湖为基础兴建而成的。这是我国现存古典园林中规模最大、最华丽而保存最完整的一座皇家园林。二百多年来，它经历了中国最后一个封建王朝的盛衰，备受帝国主义侵略军的摧残破坏，在旧中国沦落到荒芜残败的境地。随着祖国解放，颐和园得以新生。从此它以崭新的面貌向人们述说着祖国悠久的文化艺术传统和古代劳动人民的聪明才智。

　　就在这个富丽壮阔闻名于世的园林中，有一个特殊的景区——后山西区。那里溪流蜿蜒于山间，林木郁郁葱葱，山路迂回曲折，完全是一片自然风致。如果细心观察就会发现，在绿荫下、荒草中掩映着一组组残缺不全的建筑遗址。作为园林的一部分，后山西区的本来面目是怎样的？这个景区的造景技巧有无可资借鉴之处？它是否需要修复和怎样进行修复？科学地回答这些问题，无论从历史文物的研究，还是造园经验的分析，以及古园今用的探讨等各方面来看都是很有意义的。

　　本文即以此为题，从以下三个方面进行了初步研究：一、根据现场踏勘测绘和历史文献的考证，绘制后山西区总图和五个风景点的复原图；二、在明确造园主导思想和规划意图的基础上，对这一景区的造园技巧作具体分析评价；三、按照保持原貌、适当改造的原则提出后山西区修复的初步方案。

　　本文完成于 1965 年，是笔者在清华大学建筑历史教研组莫宗江教授指导下完成的研究生论文，在工作过程中经常得到梁思成教授和吴良镛教授的亲切关怀与教导。同时，颐和园管理处、建工部城建局园林处、文化部文物局、北京市工人休养所等单位都给予了热情的帮助。1966 年论文印出，正值"文化大革命"开始未及发送即被束之高阁。在"四人帮"把持清华大学时，这个题目的研究被批为修正主义教育的典型，印就的全部论文竟横遭焚毁的命运。粉碎"四人帮"以后，我们的祖国已经迎来了新的春天。曾经被"四人帮"践踏的我国社会主义建筑历史和园林艺术园地，出现了百花争艳、万紫千红的动人景象。形势是这样的喜人，使笔者有勇气把这篇很不成熟的学生作业贡献出来，为繁荣社会主义建筑历史和园林艺术研究尽帛薄之力。管见所及，谬误难免，热切希望得到批评指正。

后山西区的历史面貌

据《日下旧闻考》记载，乾隆时期，清漪园后山西区有许多风景点："云会寺北为构虚轩，又北为绘芳堂，构虚轩西南为清可轩，又西为味闲斋。斋北为绮望轩"。"绘芳堂北隔河为嘉荫轩。"虽然除此之外没有更详细的说明，但由于乾隆题咏这些风景点的诗前所标年代都在 1753 ～ 1759 年之间，而清漪园始建于 1750 年，竣工于 1760 年，因此我们可以推断，后山西区的这些风景点都属早期工程，是全园统一规划的一部分。

1860 年英法侵略军疯狂地纵火焚毁圆明园、清漪园时，后山园林建筑随之付诸一炬。从《清漪园后山图》等晚清时期的样式雷图样可以看出，1888 年改名为颐和园前，后山西区还残存少量建筑。但 1888 年、1903 年重修此园时，因清王朝财力不足，采取拆东墙补西墙的办法，把后山的残破建筑逐渐拆除以修前山。从此，后山西区的风景点就彻底沦为废墟了。

为更具体、确切地了解后山西区的本来面目，试作了复原图。复原依据和工作方法如下：

1. 现状资料

由于后山风景点主要毁于火，建筑的基础大部分都保存下来或痕迹隐约可见；山水地形和道路系统都基本上完整；唯有绿化经过百余年的变化，现在对原状较难作具体推测。经过现场踏勘测量，绘制出现状图（图 3）。地形等高线和建筑群在全园的总图位置主要依据 1934 年北京研究院出版的 1/2000 的《颐和园全国》

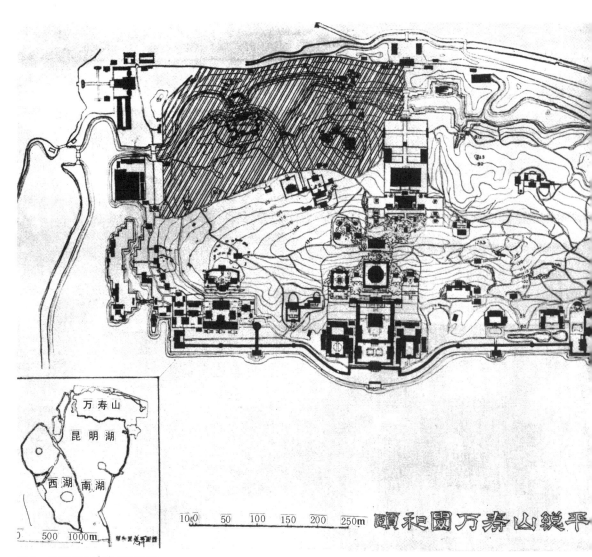

图 1　颐和园万寿山总平面图

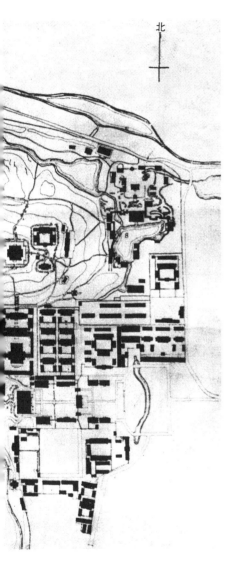

和 1951 年北京市规划局绘制的 1/1000 的《颐和园地形图》，绘制了《万寿山总平面图》（图 1）。

2. 历史图纸

样式雷图样是复原的重要参考资料。有关后山西区的共收集了六幅（图 4、图 5），这些图样的年代不明。但根据标题可以判断《清漪园后山图》当是清漪园时期的图样；《万寿山后山买卖街添修点景房图》则反映了英法联军焚园后，后湖两岸建筑无存，因此一度提出了添修点景建筑的方案图。其他四图的时间及性质较难断认。它们都表示了后山每个风景点建筑群的位置、布局形式、柱网及主要建筑的名称。《颐和园内构虚轩全部图样》则详细注明每个建筑的名称和开间、进深、柱高、台明的具体尺寸，并标有院落大小及建筑之间的竖向高差。不管它们究竟属于哪种性质，所有这些图纸表明的情况都基本相符，图纸与现存遗址也大体一致。因此，在作复原图时，建筑群的布局、建筑的平面形制和尺寸首先以遗址为准，遗址不清楚的再参考样式雷图样。

3.《清工程做法则例》和现存清代皇家园林建筑

清代皇家园林建筑形制大都符合《清工程做法则例》，只有柱高、开间比例、屋顶举折等随具体情况而定。因此根据已知的平面柱网也能如法复原出后山西区这些建筑的立面形式和立体组合关系。由于复原只作方案性探讨，故室内处理、门窗装修仅参考现存的同期园林建筑，并未作深入研究。

最后绘制了颐和园后山西区总平面图和绮望轩、看云起时、构虚轩、绘芳堂、嘉荫轩等五个风景点的复原图（图2、图6、图7、图8、图9、图10、图11、图12、图13、图14、图15）。这五个风景点共占地8940平方米，各类建筑总面积1769.5平方米，包括房屋17幢、亭11座、廊108间，因力量所限，没有复原单独位于后山西区干道以南的赅春园一组建筑。由于苏州街是对江南河街作布景式的模仿，在一定程度上超出了本文所要探讨的范围；而且在后山西区也只有半条河街，所以这里也未作苏州街的复原图。

经过复原，我们更加明显地看出后山西区的确是一个无论在山水风格还是建筑趣味方面，都与前山截然不同的景区。踞高临水、岗阜环抱的绮望轩、与它隔湖对峙的看云起时、苏州街口北岸高台上的嘉荫轩、面水倚山的绘芳堂、凭峰四望的构虚轩，这一组组风景点建筑群灵巧而自然地坐落在曲折幽致的山林环境里，它们都各具一格而又相互衬托呼应，把如画的山水环境装点得格外生动、丰富。

后山西区五个风景点概况一览表

	庭院占地面积（平方米）	各类建筑面积（平方米）	其　　中			
			房屋平方米／幢	亭子平方米／座	廊子平方米／间	现存古树株
合计	8940	1769.5	1354／17	196.5／11	219／108	95
绮望轩	3000	507.5	280／3	130／5	97.5／64	50
看云起时	370	150.5	96／1	24.5／2	30／10	3
构虚轩	3100	460.5	390／3	15／1	55.5／22	5
绘芳堂	1800	474.0	429／5	9／1	36／12	31
嘉荫轩	670	177.0	159／5	18／2	—	6

后山西区园林造景的分析评价

1. 造园的主导思想和规划意图

　　清漪园的总体规划是继承了我国造园的传统手法而进行周密设计的，它和其他古典园林一样，取法于自然，人工与自然巧妙地融为一体，结合不同的功能要求，创造出具有自然风致的各种典型环境。清代康乾时期皇家园林造景技巧已高度成熟，园的布局都是根据地形特点把全园划分为若干景区，各区中都有称为"景"的风景点，如圆明园有四十景，热河避暑山庄有七十二景，每景都有描绘该景的富有诗意的题名。这种布局和处理手法以及其所表现的意境，都受到江南私家园林和名胜风景区的很大影响。这些特点在较晚建成的清漪园中仍然继承下来，基本上没有什么改变。现在让我们沿着这条脉络，从清漪园全园的总体布置中探求后山西区这一景区的规划意图，从后山诸风景点的题咏里考查园主在这里追求的意境。

　　清漪园的总体布置，根据使用的性质和所在的区域可以大体分成四大部分，即东宫门和万寿山东部的朝廷及其供应部分，万寿山前山部分，万寿山后山及后湖部分，昆明湖的前湖、南湖及西湖部分。它们都就自然条件、结合使用性质的要求作适宜的处理，而各具风姿和特色。前山的崇楼杰阁巍峨壮丽，后山的自然景致曲折幽深，南湖和西湖一片广大的水面烟波浩渺，这些景区之间构成强烈的对比，形成了清漪园园林风光的独特风格，我们从中可以看出后山后湖这一景区是作为与前山前湖的对比而存在的。

　　在崇楼杰阁与真山阔水交相辉映的清漪园里，安排后山西区这样一个景区，所追求的意境又如何呢？我们从文献上未看到有关记载，但作为园主的乾隆皇帝却留下不少题咏这一区的诗和他对若干风景点的命名。他在诗中除直接写景以外，用了大量的笔墨渲染意境，或是在这一景区中搜求陶渊明、王维的诗意，与谢朓的江上楼比美；或是以"华连舍卫城"、"如来影"、"理气机"、"神

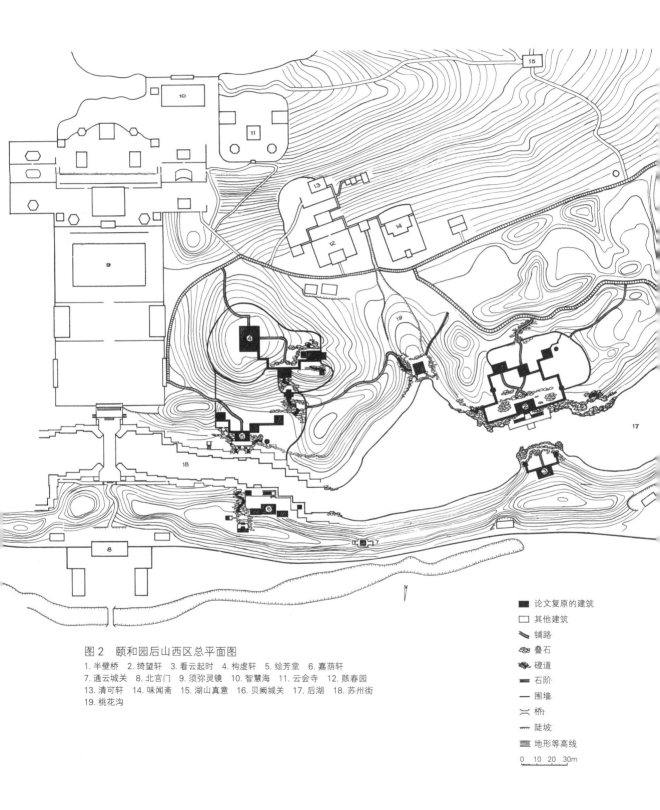

图 2　颐和园后山西区总平面图

1. 半壁桥　2. 绮望轩　3. 看云起时　4. 构虚轩　5. 绘芳堂　6. 嘉荫轩
7. 通云城关　8. 北宫门　9. 须弥灵镜　10. 智慧海　11. 云会寺　12. 赅春园
13. 清可轩　14. 味闻斋　15. 湖山真意　16. 贝阙城关　17. 后湖　18. 苏州街
19. 桃花沟

论文复原的建筑
其他建筑
铺路
叠石
磴道
石阶
围墙
桥
陡坡
地形等高线
0　10　20　30m

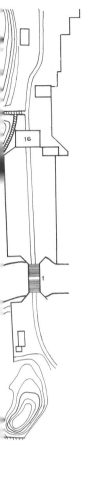

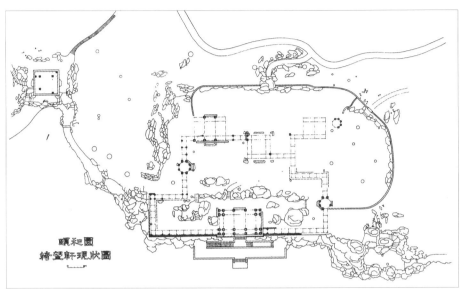

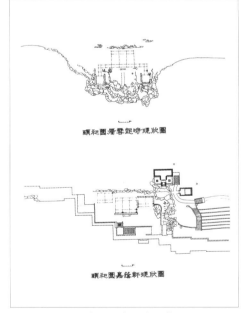

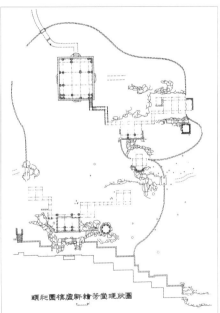

图3　颐和园后山西区各景点现状图

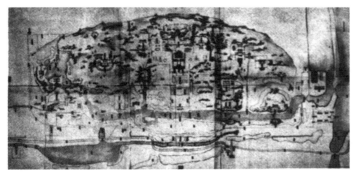

a. 万寿山后山全图画样

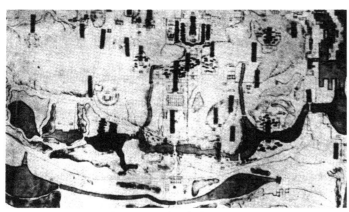

b. 万寿山昆明湖全部地盘图（后山部分）

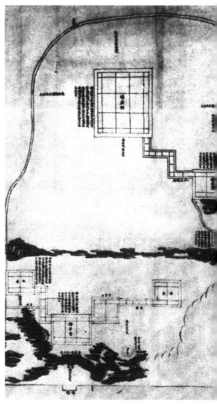

c. 构虚轩全部图样

图 4　颐和园后山有关样式雷图样（一）

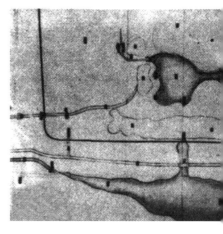

图 5　颐和园后山有关样式雷图样（二）

北

北

a. 清漪园后山图（北半部）

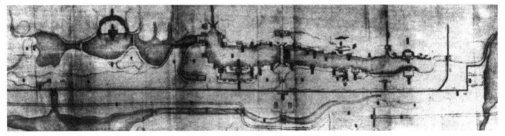

b. 万寿山后山买卖街添修点　景房图

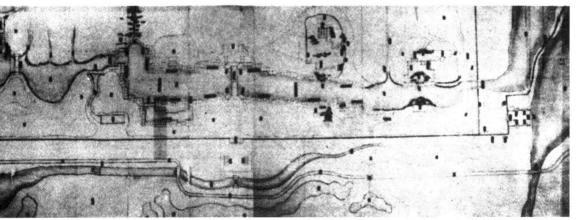

c. 万寿山后山买卖街铺面房图

图6 绮望轩复原图—

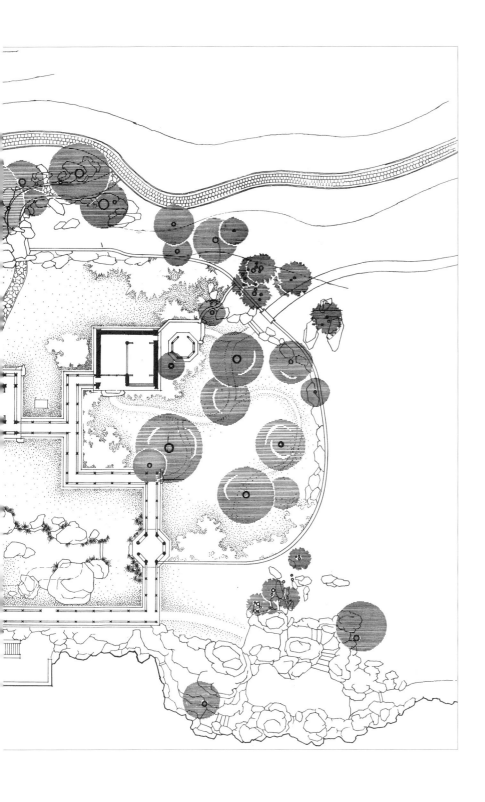

图 7　颐和园绮望轩复原图（二）

m

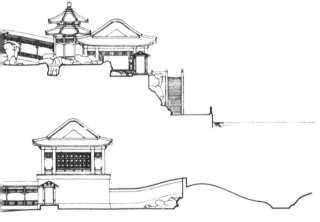

图 8　颐和园绮望轩复原图（三）

图 9　颐和园看云起时复原图

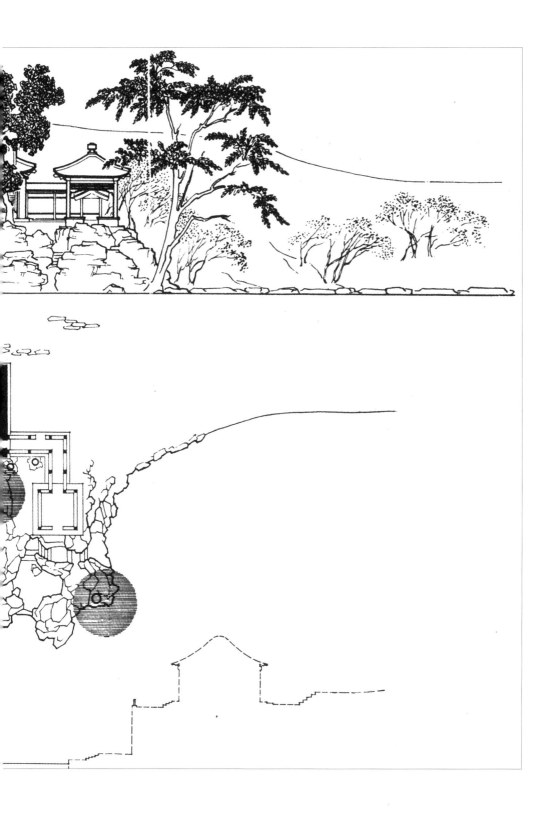

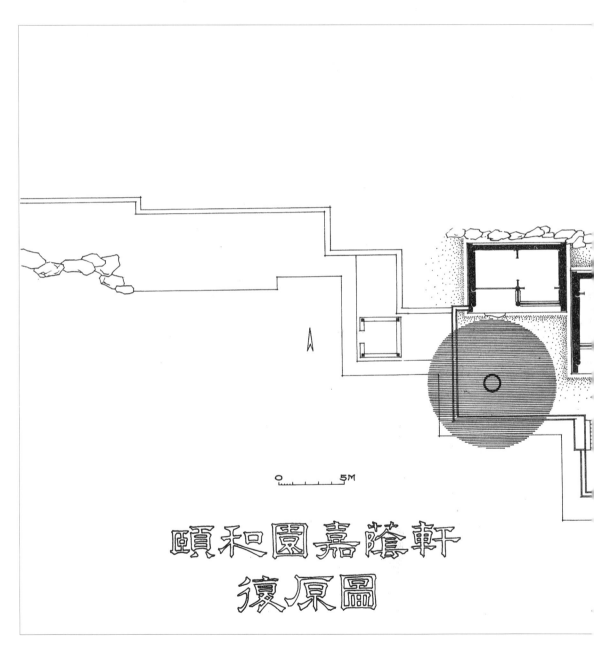

图 10　颐和园嘉荫轩复原图（一）

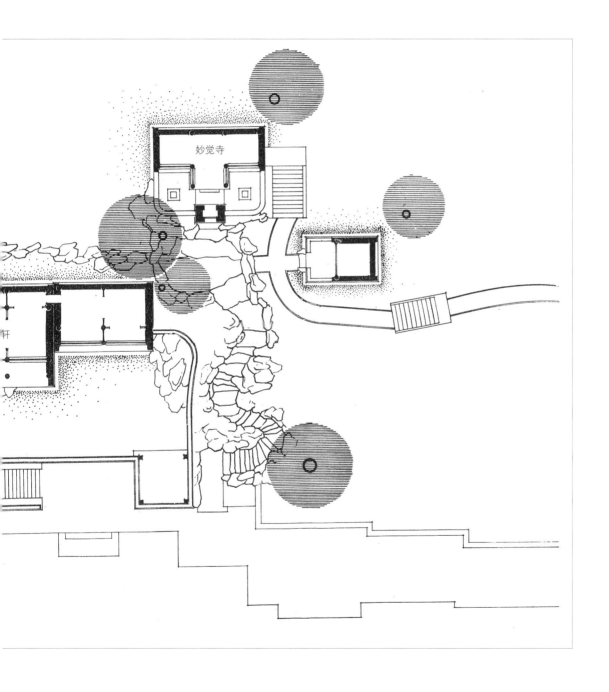

图 11 颐和园嘉荫轩复原图（二）

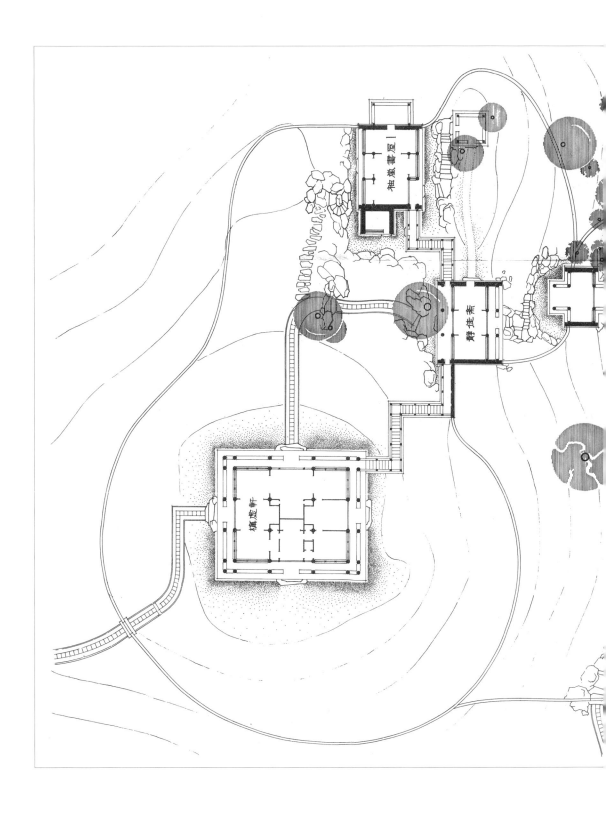

图 12 颐和园构虚轩、绘芳堂复顶图（一）

图 13　颐和园构虚轩绘芳堂复原图（二）

芳堂復原圖二

图 14　颐和园构虚轩绘芳堂复原图（三）

芳堂復原圖三

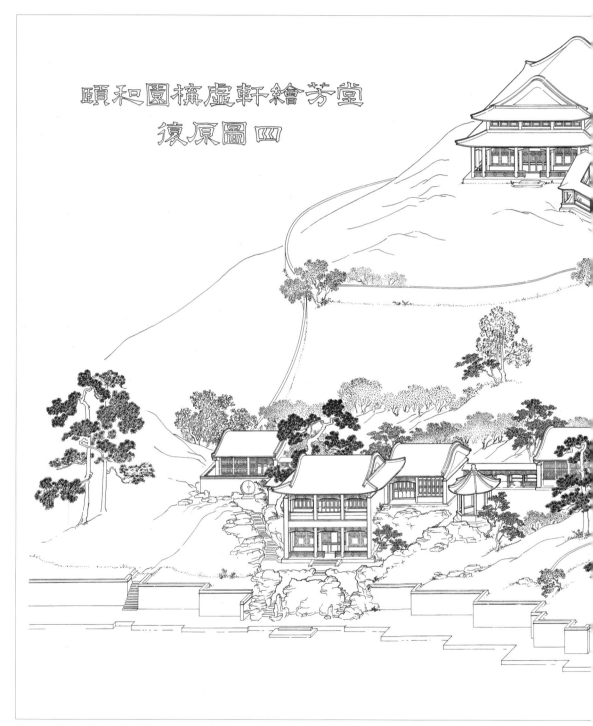

图 15　颐和园构虚轩绘芳堂复原图（四）

明镜"等词藻给景物蒙上一层佛学和老庄的神秘色彩。这一区的建筑题名，如
"看云起时"是摘自王维诗句"行到水穷处，坐看云起时"。"停霭楼"则是
与陶渊明的"停云楼"相唱和。"金粟山"、"构虚轩"、"妙觉寺"则显然
是追求佛道"出世"的意境。乍看起来，后山西区的清幽情调与前山豪华的帝
王气派完全是两种截然不同的追求。实质上，它们同样是封建帝王思想的反映，
只不过是从不同角度、用不同的方式满足他们精神和物质生活的需要，表现他
们的艺术趣味罢了。诚然，这些诗句、命名都题在园成之后，但造园时按照乾
隆的趣味有所授意是理所当然之事，而封建帝王的"旨意"成为这一景区造园
的主导思想则更是不言而喻的了。

造园者按照上述的主导思想和规划意图，结合后山的条件，牢牢把握住总体
布局对这一景区的要求，在与前山前湖的对比变化上大做文章。前山区水面开阔
而山形单纯，在瓮山北麓则规划了曲折的后湖与地形多变的后山；前山区由于有
祝寿、唪经、居住、问政等一系列功能要求，大量建筑集中布置，为突出主轴线
采用了规则、对称的格局。后山诸风景点建筑群主要为游园赏景，则采取分散而
自由的格局；前山区殿堂高阁、红墙黄瓦、白玉栏杆，着意突出巍然壮丽的人工美。
而后山则反其道而行之，以它自然幽致的山林情趣造成了一个曲折深邃的自然美
的环境。后山西区正是这样成功地实现了清漪园总体布局所赋予它的艺术使命。

2. 山水环境的创造

瓮山北麓在建园前的自然情况已无文献可查。《帝京景物略》上虽然提到瓮
山后有个"一亩泉"，但具体位置不详。据世居清漪园后大有庄的老人说，瓮山
北麓原来有些小水塘，修建清漪园时扩大、挖掘成为后湖，就用挖出的土堆成后
山。我们根据前后山地形的繁简差异，可以判断老人所听到的传说是符合实际的。
后山后湖是在瓮山北麓利用了某些有限的自然条件，而主要依靠人工改造，挖湖
堆山而成。

我们知道，在以自然景致为主的园林环境里，山水的布局有着提纲挈领的力量。好的山水布局，对于造园意境的创造，对园内繁多的景物配置都能起到控制的作用。颐和园后山、后湖的山水布局正是这样的成功之作。我们看到后湖从前湖经万寿山西端绕到后山，水面蜿蜒在两山之间，俨然有山间溪河之势。选择这样一个两山夹水的布局方案，对后山园林效果是有决定性意义的。曲折幽深是山间溪河的典型特征，采用这样的意境对于实现前述的规划意图十分贴切。以下，我们从地形规划、地形处理和水面处理三方面具体分析。

地形规划

了解后山西区的地形规划，首先要看后山的总形势。后山包括万寿山脊以北至北园墙全部地区。在东西长约 980 米、南北宽约 280 米的范围内，后山中轴建筑群又把后山分为东、西两部分。西区山形变化复杂，东区山形变化比较简单。其所以出现这样的情况，原因可能是多方面的。其中有一个因素至今看来还很明显。万寿山以北，东部是一望无垠的平野，西部却是层峦叠翠的群山。后山西区的地形加工正是进一步强调原有的山峦起伏的地形特征，加强万寿山与群山的呼应，为眺望远山创造更好的条件。从这里可以看出，造园者怎样在大力以人工创造山水环境的同时，注意运用因地制宜、因借景物等传统经验，尽量利用改造园内原有的自然条件，使园内外景物、真假山水互相呼应、融为一体。

我们今天所见的后山西区虽然有多种多样特征不同的地形，但却结构紧凑自然，成功地取得了"虽由人作，宛自天开"的效果，这是因为在地形规划中遵循了山水关系的一些自然规律，成功地安排了以下几个关系。

山和水的关系　山水关系安排的成功，除了采取两山夹水的方案以外，还在于山和水融为一体的处理手法，"山脉之通按其水径，水道之达理其山形"（笪重光《画筌》）。后山西区的地形规划使山与水的走向基本相同，水面的收放不仅与山形的凹凸吻合，并且沿岸山势平缓的地方水面则开阔，山势高耸夹峙的位置水面也就收聚，这就自然而然地使人工的山和水融为一体。

岗坞和山头的关系 后湖南岸的地形，明显地以桃花沟为界，分为两组（图2）。在沟的东边，利用原来较高的地形加工出一个相对独立的山头。在沟的西边，原来地势比较平缓，人工筑起回环的岗阜，造成空间曲折、层次丰富的岗坞地带。这两组不同的地形被桃花沟自然地缀合起来。在两组地形交换的地方出现山涧，形成水口，由于符合"山到交时而水口出"的自然规律，所以在造景上显得自然、生动。从功能上看，整个后山西区本来也需要解决排泄雨水的问题。造园者把排水沟处理成山涧，把排水口结合湖面设计成水口，这就把功能和艺术自然地统一起来了。

南北两岸的山形关系 由于两山夹水的布局，后湖北岸的土山又起了障隔围墙的作用，避免了大片围墙破坏自然山水景致，这种以山障墙的手法在皇家园林中用得很多，如北京北海东园墙内、圆明园北园墙内都有类似的处理。值得注意的是造园者并未一障了之、简单从事。虽然北岸土山的规模比南岸的小得多，但仍能明显地看出那里的山形不仅有脊脉起伏，并且还和南岸的山形变化相呼应。南岸桃花沟西侧临湖的山壁陡峭，相对应的北岸山形也就高起，并向南凸出形成"峡口"。桃花沟以东山头高耸处，对面北岸的山也相应增高。其他地段南岸山势平缓，北岸也就没有突出的变化。这样，两岸的山形变化相协调，使它们在地形关系上成为一个整体。

由于以上这些关系安排得当，在山水布局上提供了合理、自然而又富于变化的结构骨架，使山的来龙去脉、分布汇合，水的条贯分歧，路的隐伏显露，林木的聚合离立，都建立在总体关系合乎自然规律的基础上，这在人工创造山水环境中是至关重要的。否则，即使山水局部雕琢得非常精美，也不免失之于矫揉造作，生拼硬凑。

地形处理

地形规划只是确定了地形的结构骨架，至于山水最终是否成景入画，还有赖

图16　峡口平面示意及剖面分析

于形象的具体处理。后山西区依附在真山大湖的近旁，它必须相应地具有比较接近真山水的尺度和规模，就不宜完全采用私家园林惯用的盆景似的缩景山水的处理方法。下面从几组主要山水形象的处理来探讨其创造人工山水的经验。

峡口 所谓"峡口"就是桃花沟的西北面两山隔湖对峙的地方。这是后湖西区重要的一景（图16）。为什么在这小小的水面之上也能具体而微地略略给人以高峡锁平湖的印象呢？

首先，在大的体型安排上表现了两山隔湖对峙这一峡口的基本特征。湖面至此突然收窄，两岸山形从缓坡变成陡壁。两山之间空间的高宽比从 1:5 变成 1:3。在山高与水窄对比之下，两山显得像近峙的高山；此外，这里采用了"石包土"的办法，在"峡口"面水的山壁上都施以叠石。一方面叠石起了护坡的作用，防止土山因太陡而坍塌。另一方面又用叠石加工山形，特别是加强轮廓处理，使"峡口"的体型更为刚劲而富有画意（图16c、d）。

通过以上处理，从湖上望来这组山形具备了"峡口"的气势。造园者为了使游人在五米高的小山上下时所得的印象也能和从湖上远望这里得到的印象一致，又进一步通过叠石和蹬道进行细部处理。在"峡口"南岸东部转角处沿山坡堆叠了峻峭的石组，一条蹬道顺叠石形势迂回而上（图17）；"峡口"南岸西部则用叠石布置了拔地而起的峭壁与临水的石矶（现已有部分坍塌，图18）。蹬道由此在高过人头的叠石间盘绕而上；"峡口"的北岸则用水平的小路把山壁分成三层，层间穿插蹬道，人行其间，视线随山路而俯仰（图19），时而有如置身在高临水面的山礁，时而又侧身于峭壁旁。总之，两岸各处叠石、蹬道的形式各不相同，但它们都构成了宛如大山山麓的环境。游人在这里的蹬道上行走就好像正由大山之麓登山一样。采用这种处理手法并不偶然。我国山水画中大都画远山着重表现峰头，画近山着重刻画山麓。因为当人们逼近大山时，实际上也只能看到山麓。这里也运用了这个道理，在不可能加工整座尺度较大的大山时，把小山处理得像大山山麓。由于巧妙地表现了大山的这个局部环境，游人通过这里就会有身临真

图 17　峡口南岸东部叠石磴道

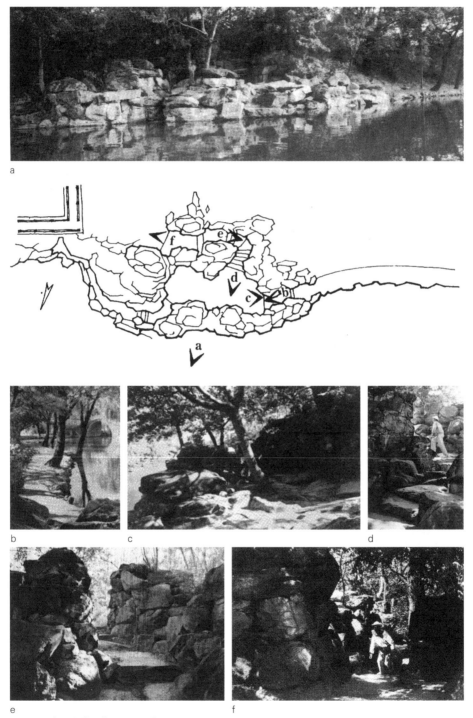

图18 峡口南岸西部叠石磴道

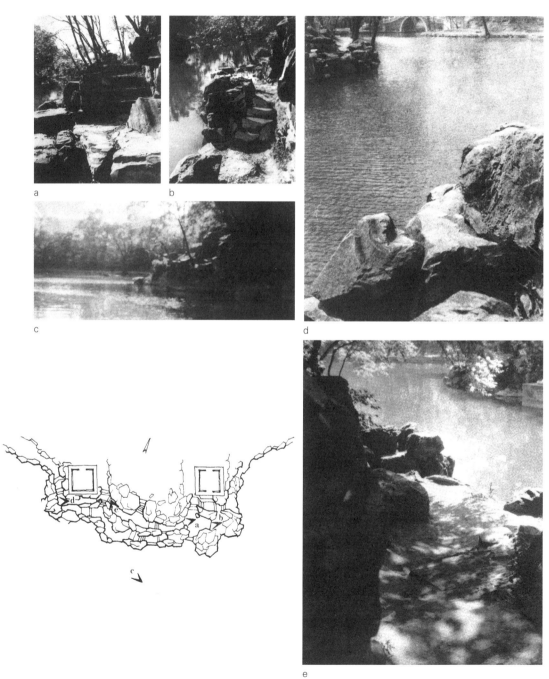

图 19　峡口北岸叠石磴道

山的感受。

这样从大的体势和细部处理两方面来表现"峡口"这种大山的典型特征，使游人无论从湖面远眺还是临岸登山所得到的感受是统一的，从而加强了这组人工山水的真实感。像这样"远望之以取其势，近看之以取其实"的典型概括的方法，在后山西区其他山水形象处理上也收到了良好的效果。

山头 在桃花沟以东是一组拔湖27米高，占地约1.5公顷的土山。因有峰有脊，有主有从，形成了相对独立的山头（图2）。

由于它所处的地位和"峡口"不同，虽然同样按典型概括的道理处理山形，但其具体方法又有所不同。"峡口"着重表现山麓，而这座"山头"处理的重点却是山巅、山脊等山的上部形象。因为它在后山西区单独高耸，从远处来看主要是看到它的上部；在本区提供远眺条件的也是上部，所以上部山形就成了加工重点。这里通过峰头和山脊坡度缓急的安排，表现了山岭伸展之势；在峰头以西稍低的地方又堆了一个小山冈，山冈南面加工出一个山洼。这些小尺度的地形变化不但丰富了山形，并且对峰头起了映衬的作用，使这座土山显得较有气势（图15）。当然，在注重山的上部加工的同时，这里仍然运用了叠石蹬道以加强山林气息。

岗坞 在以上介绍的"峡口"、"山头"，造园者都力求表现大山的形势，把它们分别作为后山西区的湖上和陆上的造景重点。而在表现曲折幽深方面最突出的则是桃花沟以西的岗坞地带。

在这里，造园者别出心裁地用回环起伏的土岗围成五个相对独立的空间。它们之间又层层相属，构成一组多层次的、曲折的自然空间，宛如丘陵地带的一群山坞（图20）。在岗形的具体处理上力求曲折多变。这里的每个土岗在平面和立体造型上作多种变化，从不同角度望去具有不同的形态（图20c）；在岗脚部更是注意凹凸的处理，使其层次丰富、形态生动（图20g）；特别在每个山坞的进出口处更注意岗形的变化（图20h）。大都如图20h所示的右面两种形式，使岗

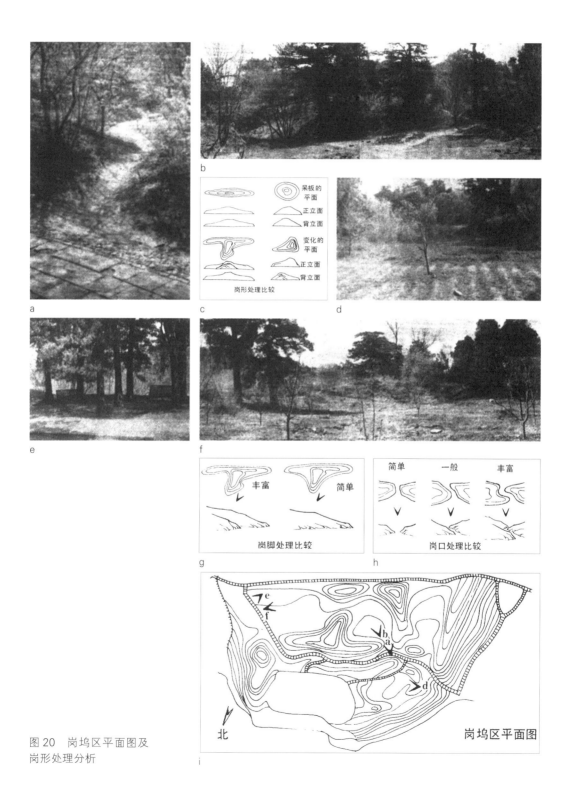

图 20　岗坞区平面图及
岗形处理分析

脚互相掩映，游人不致一眼从这个山坞望穿那个山坞，这是古典园林中常用的手法，如颐和园北宫门至苏州街大桥、仁寿殿至玉澜堂、故宫乾隆花园南面入口等处的山口都作类似的处理。此外，通往绮望轩所在的山坞的入口还采用了山洞的形式（图 25d）。凡此种种，都说明在这区是极力围绕"幽深"二字来做文章。布局曲折，岗形曲折，空间之间的联系方式曲折，通过这一系列曲折的处理创造出一种幽深的山林境界。这正是成功地运用了"不曲不深"这一传统经验。在整个后山西区其他山形、山路以及湖形的处理都体现了这种精神。

水面处理

因为整个后湖是一个整体，不宜孤立看西边一半，所以就整个后湖一并分析。

后山的这个水面在《日下旧闻考》中曾称之为"溪河"，现在通称之为"后湖"，实际上它则是湖、河、溪三者的更替连续。从西至东，水上景色不断变化，可以用"山重水复疑无路，柳暗花明又一村"作为后湖总的写照。

水面处理成功之处主要是恰当地作了曲折收放的处理（图 21a）。曲折收放变化的水面有动态，较自然生动；游人在水上活动的范围和视野也可随水面变化而变化（图 20b）。在我国古典园林中许多长形水面都采用这种形式，大至北京三海，小至无锡寄畅园，水面都属于这种类型（图 21c、d、e）。我们还发现后湖处理与扬州瘦西湖极为相似，推想清漪园模仿江南名胜而有所借鉴，使瘦西湖再现于北国也是不无可能的。

长形水面曲折收放的结果必然形成水面分段的形式。由于收放，水面上形成一个个连贯而又相对独立的空间。这样就可按地段进行园景加工。后湖因此才兼有湖、河、溪各种境界。半壁桥一带是以河的形式作为前湖到后湖的过渡。桥以东两个水面比较开阔，形成湖景。后山中轴两侧则是规则的河街。河街以西是水面变化比较缓和的河区。愈向东行愈幽深，经过一段如带的溪流后又以一片开阔的湖面结束这条水上游览路线。境界的变化和水面空间的开合就这样结合起来了。

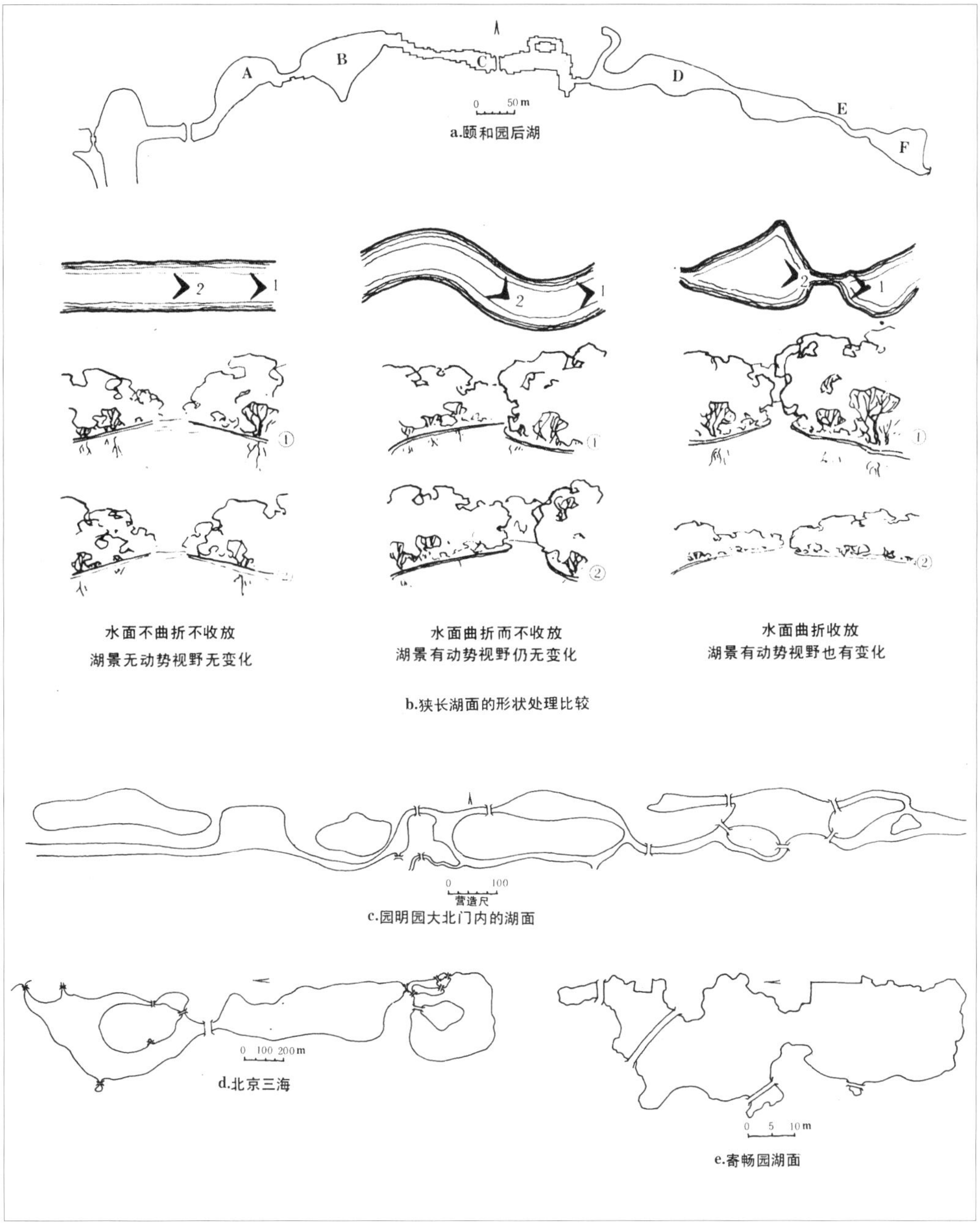
A
B
C
D
E
F
0 50 m
a.颐和园后湖
2
1
水面不曲折不收放
湖景无动势视野无变化
水面曲折而不收放
湖景有动势视野仍无变化
水面曲折收放
湖景有动势视野也有变化
b.狭长湖面的形状处理比较
0 100
营造尺
c.圆明园大北门内的湖面
0 100 200 m
d.北京三海
0 5 10 m
e.寄畅园湖面

图 21　后湖水面处理分析比较

3. 风景点建筑的设计和规划

本文中所谓风景点，是指在园中有相对独立性的建筑群所构成的游览场所。分别以建筑群中主建筑的名称作为各风景点的命名。

在上述地形变化丰富的地区内散置着五处风景（图2）。沿湖自西而东，"峡口"是首当其冲的显要地形。在这里的南北岸分别布置了绮望轩和看云起时两组建筑，成为西区湖上的主景。从陆上看，绮望轩却是个隐匿在岗坞区内的风景点；苏州街西口北岸的嘉荫轩，遥遥地吸引湖上游人前往河街。它和看云起时是整个后湖北岸仅有的两个风景点；嘉荫轩对岸是绘芳堂。这组建筑成为从人工气息很强的河街转入自然气息极浓的南岸山林的过渡；绘芳堂以南就是全区最高的山头，在那里布置了构虚轩，它是全区唯一能极目远眺的风景点，同时又和琉璃塔分别成为后山西东二区与后山中轴建筑群呼应的制高点。这五组小小的建筑群把后山西区的山水装点得更加成景入画、丰富多彩。

风景点建筑的设计

绮望轩　位于"峡口"南岸，同时又在岗阜三面环抱的山坞里，因此一方面居高临湖有较开阔的气势，另一方面又地僻境深。建筑群以巧妙的布局结合并加强了这两个截然不同的环境气氛（图6、图7、图8）。

在临湖这面，建筑作对称布局。这就强调了南北向轴线，加强了"峡口"对峙的形势（图2、图22）。虽然建筑是堂堂正正的形式，但建筑的尺寸却比较小。如形式完全相同的前山的鱼藻轩明间宽3.80米、次间宽3.20米、进深5.00米，而绮望轩相应的尺寸只有3.50米、3.20米和4.50米。特别是临水的台阶栏板只有55厘米高，上面雕刻纹样比较精细（图23b、e）。这样就起到了尺度对比的作用，把人工"峡口"衬托得略为大些（图23a）。此外，把敞轩和空廊的位置推到临水的最外沿，这就使游人近在山下也能从上到下看到全部建筑，"峡口"南面就显得更高，同时也更强调了居高临湖的形势（图22c、d）。由于这三方面

a

b

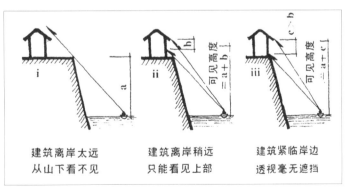

以下凡图号下有"．"者该照
片上的本区建筑是复原补画的

c

图22　绮望轩建筑定位与造景的关系

的处理,绮望轩建筑与"峡口"地形就紧密结合起来。

在岗阜三面环抱的山坞内情况就完全不同。在这里建筑设计考虑的不是建筑组合的外观,而是建筑群中的内景。设计者以曲折、多层次的空间变化来适应这一要求。

首先在布局上作了丰富空间层次的安排。如图24g所示,建筑群不沿山坞周边布置而偏在东北。这样在南部和西部留出了一定场地,适当筑以矮墙,整个山坞就形成了三个院落。1是主要庭院。2对南来的人说是前庭,对北来的人说是后院。3则是一个侧院。2院和3院之间透空花隔墙很有装饰效果(图27)。不仅如此,又在敞轩以南2米多的地方,利用地形跌落加叠石把庭院1分成两个空间单元(图24h、c)。这就更丰富了空间层次。游人从轩下的码头上岸,由4米多高的台阶拾级而上,进入敞轩立即面对3米多高的叠石。由于山石的掩映,加大了中部庭院的景深(图24a)。特别由于这一空间"压缩"的处理,就反衬得中部庭院舒展开朗(图24b)。由此继续南行穿过方亭进入后院。这里的岗阜、山洞已经透露出院外浓荫茂密的山林景象(图24d),吸引游人穿过山洞步入更有"野趣"的岗坞间。或者反向而行,由岗坞区的铺路走来(图25a、b、c)意外地发现有条岔路通往山洞(图25d),等到穿洞而出,已置身在有曲廊敞亭的庭院中了(图26a)。在方亭中可以环顾中部庭院。透过参差的山石树木,敞轩的上部隐约可见(图26b),似乎那里还有幽深的庭园,但当游人进入敞轩时,会突然发现自己高临湖面(图26c)。由此看来,游人通过绮望轩时一路上视景有如此丰富的变化,是与空间多层次的处理分不开的。

其次,山坞内的建筑极力摆脱对称布局,作参差曲折的布置。作为院内主建筑的停霭楼偏在东南角上。南来北往必经的方亭也不和敞轩在一条轴线上。两侧的游廊作不同的曲尺形的变化(图24e),在几个主要建筑的位置都不能一眼望尽整个庭院(图24f)。特别如图24e所示a、b两个小空间的凹凸,使三个院落空间都更显得生动富于变化。

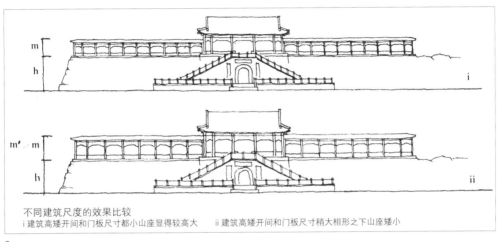

不同建筑尺度的效果比较
ⅰ建筑高矮开间和门板尺寸都小山座显得较高大　　ⅱ建筑高矮开间和门板尺寸稍大相形之下山座矮小

a

图 23　绮望轩建筑尺度分析

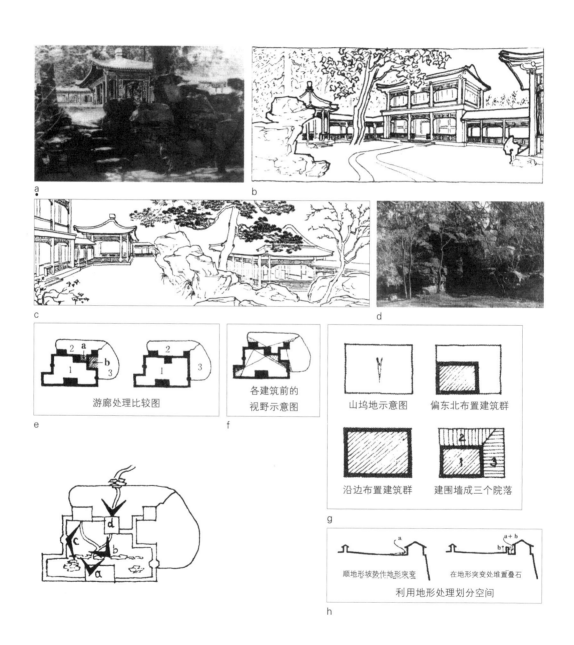

图 24　绮望轩建筑布局分析

图 25 绮望轩南入口分析

a

b

c

图 26 绮望轩由北而南行进景观分析

图 27　绮望轩现存花墙

图 28　绮望轩叠石与景观

此外，这里的庭院都不作人工铺地而采用土地的自然形式，甚至连地面也不求绝对平整。如中部庭院就是一个南高北低的坡面。游廊也随院子的坡度而上下；特别在敞轩附近采用大量叠石，以此同"峡口"一带的石山环境取得呼应（图28）。从临水的山洞可以拾级通到叠石的庭院，更加强了建筑内部庭院与外部自然山水的联系；就连建筑的台阶也都作不规则形，以增添自然风致。通过这一系列具体处理，风景点内部就与周围的山水环境更加协调一致。

绮望轩建筑群就是这样因地制宜地灵活布局、处理，充分发挥了地形特点，形成一个引人入胜的风景点。

看云起时　是与绮望轩隔湖相望的风景点（图9）。它们互为对景，同时又因北岸山形凸入水中，对东、西两边的湖面成景得景都很重要。建筑和绮望轩布置在同一轴线上，成"凹"形，开口朝向绮望轩。这样，保证了主体建筑与绮望轩间有比较舒展的视距。而两个方亭伸在"凹"形的前端又保证了两岸建筑形成对峙形势（图22a、b），同时它们既分别成为纵览东西两个湖面的观景点又分别成为由苏州街西口和半壁桥向"峡口"行进时的水上对景。这组建筑小而简单，但成景、得景的效果却很显著。

构虚轩　在桃花沟以东的山头上，这里山形起伏，没有足以形成庭院的平地，却有很好的眺望远景的条件。这组建筑尽量发挥了地形特点，形成一个依山上下、充分开敞的风景点（图12、图13、图14、图15）。

这里的建筑布局从平面图看来似乎关系都很偶然。因为这里的建筑都布置在地形特征突出的地方，而不是根据平面布局形式决定的。十字形平面的建筑在北坡下部，相当于这组建筑的门户。静佳斋在山脊中部成为全组建筑中南来北往、东上西下枢纽。构虚轩屹立山头，是后山西区的制高点。方亭和袖岚书屋则分别成为土岗上和山洼里生动别致的观景点。这样根据地形特征进行建筑布局的结果首先是结合并加强了山形地势。原来在这土山上加工出的山头、山脊、山岗、山洼等地形变化是不太引人注意的，但当在这些地方适当地配置不同形式和体量的

a. 自绘芳堂仰望构虚轩

b. 自后山中轴建筑上部俯视构虚轩

c. 建筑结合地形进而加强山势

图 29　构虚轩成景分析（一）

建筑以后，这些变化就被突出，甚至加强了（图29c）。同时建筑群的组合也因结合地形而有了动势（图15，图29a、b）；另一方面这样布局也便于使各个建筑明显地具有不同特点。冠峰四临的构虚轩和处在山脊的静佳斋固然不同，就是建筑形制完全相同的静佳斋和袖岚书屋也因所处地势不同，一个凭山脊远眺，一个前后面壁。至于在岗端屹然而立的小亭和山洼里的书屋，自然就更不同了。

构虚轩建筑群设计的第二个特点就是建筑群气势联贯，脉络分明。因为从地形特点出发决定建筑位置容易东一个、西一个，显得凌乱。造园者就利用蹬道、叠石把十字形平面的建筑和静佳斋联系起来（图30d、c），形成一条自山脚到山脊的脉络；静佳斋和构虚轩、袖岚书屋则由爬山廊联系起来，在山脊上形成山头到山洼的脉络（图29a、b）。这两条脉络分别反映了土山北坡的升势缓急和山脊的起伏走向。它们无论在交通功能上，还是艺术构图上都把这些似乎互不相关的建筑组织起来了。

此外，构虚轩建筑群特别注意和远景的联系。例如构虚轩所在山头向南可以一览后山中轴建筑群（图31b）；西南俯视赅春园（图31c）；北面远对红石山，近看妙觉寺、嘉荫轩（图30e）；东面在丛林上琉璃塔清晰可见（图31d）。向西眺望，山下是浓密的林海，远处的田野托着淡淡的玉泉、西山。书屋和方亭正好成为这一画面的中景（图31e）。显然其中以西部外景最成景入画，因此设计者把构虚轩的方位定成东西向，以此来强调向西的形势；又如袖岚书屋，南北都面对山壁。但当游人偶一推门来到西山墙外的抱厦，会看到自己又置身丛林之上，面对远山（图31h）。通过这种收而又放的建筑处理加强了游人欣赏西面远景的效果。

由此可见，构虚轩在根据地形特征进行建筑选点、加强建筑的脉络联系、注意和远景的配合等方面显示了比较丰富的因山构筑的造景技巧。

当然这并不等于说它就完美无缺。例如为了追求急剧的对比变化，袖岚书屋设在这样狭小的山洼里，不免显得过于局促。

绘芳堂　位于构虚轩以北、苏州街南岸山腰的台地上，成为河街市肆与山林

图30 构虚轩成景分析(二)

a. 自构虚轩西望玉泉山

c. 自构虚轩西南望赅春园

b. 自构虚轩南望中轴建筑

d. 自构虚轩东望琉璃塔

e. 书屋和方亭成为中景

f. 自书屋处南望智慧海

g. 自静佳斋处看方亭

图 31　构虚轩得景分析

h. 自书屋处西望玉泉山

的结合点（图 12、图 13、图 15）

这里建筑布局的方式又与前几组有所不同。既没有复杂的院落组合，也没有很多高低错落的立体变化。由于台地形状窄长，又沿着苏州街，所以建筑都朝北布置。建筑位置稍作前后参错就形成了一组变化活泼的建筑群。主建筑绘芳堂凸在前面，两侧建筑依次后退。这样就形成如图 32e 所示的三个空间。1 是从松堂西侧来绘芳堂的前庭（图 32a）。2 是由绘芳堂前登构虚轩的必经之地（图 32d）。3 则被矮墙隔作值房内院。

在这样布局的基础上，个别建筑再稍作变化。绘芳堂被做成依山而立的两层楼。它楼层的地面和其他建筑在同一标高，而底层则三面嵌在山里，只露出一个北立面。这样正好收到了"下望上是楼，山半拟为平屋"的效果（图 15，图 32c、a）。底层室内三面墙上绘有壁画，"绘芳"由此而得名。又如八角亭也安置得恰到好处。绘芳堂东西两侧各有一条磴道。东边磴道通往值房。亭子设在西边磴道上端就起了吸引游人西行的作用（图 33b）。同时亭子又与绘芳堂、金粟山构成一个敞向嘉荫轩的空间，它成为从金粟山欣赏对岸风景的近景（图 32b）。从对岸望来，亭子又起了丰富建筑层次的作用。

嘉荫轩 位于苏州街西口北岸（图 10、图 11、图 34）。这个位置非常显要，无论对于西边的湖面、近处的河街、本区四个风景点以及后山中轴建筑群，它都清晰在望。当然同时它也就能欣赏到所有这些地方，能越过后湖借景玉泉山塔更是其独到之处（图 34d）。这些都是这个风景点的有利条件，同时也是设计的困难所在，因为它必须面面有所照应。建筑群在布局上较好地解决了这个问题。主建筑嘉荫轩和两个开间的建筑并排参错地设在山腰平台后部，与绘芳堂互为对景；为了和构虚轩、绮望轩、后山中轴建筑等远处呼应，在山脊最高处布置了妙觉寺；为了能俯瞰河街，在台地临河处设置了方亭；为了更好地在西面的湖上成景得景，在高台下朝西临湖的岸边布置了一个方亭。正是由于这样多方面的照应，嘉荫轩这个小小的风景点在后山西区的造景效果就很突出。同时因为这些建筑作

图 32　绘芳堂建筑布局分析

a

b

c

图 33　绘芳堂前叠石磴道

图 34　嘉荫轩的成景与得景分析

散点式的分布（是全区唯一没有游廊的建筑群），又上下错落变化，所以整个风景点显得小巧活泼。

这组建筑还以减小尺度的办法，解决了地盘小、建筑多的矛盾，并对全区起到了尺度对比的作用。正如上所述，为满足多方面成景得景的要求，这个群组共布置了七个建筑物，以数量而论是全景区之冠。但它实有的地盘却很小，设计者普遍地缩小了建筑尺寸。如嘉荫轩旁的房子，开间大小和别处两开间建筑一样，但总进深却缩小了1米多。这样既保证了建筑前的平台不至局促，也由于它们的屋顶小些矮些，起到了衬托中间主建筑的作用；妙觉寺的尺寸更小到不能供游人入内游息的地步，可以说完全是个布景。在游人远看时，确实由于它们和周围的尺度对比起到了扩大空间的作用，在造景上收到一定的效果。但是这些过于狭小的建筑完全不能供人在其中休息，确是一个缺陷。

风景点建筑的规划

风景点建筑的规划是大型园林创作的一个重要组成部分，在满足游园方式的前提下，它主要为园林艺术的主导思想所支配。在分析各风景点建筑的设计以后，我们可以看出这里建筑群的规划，与这个以自然山水为主的景区规划是相适应的。它们有这样一些特点：

风景点建筑群设在山水典型特征突出的地方　后山西区的建筑群之所以这样有特色，并不是因为设计者在建筑的表面形式上力求花样翻新，而是由于把这些建筑布置在各种地形有特色的地方，把建筑设计也作为山水典型环境创造的一部分。要表现"峡口"的对峙形势，建筑就作对称的布置；要在山坞中创造幽深的境界，就用曲折的院落布局；要表现山岭起伏，就因高就低依山构筑。这样，建筑加强了山水形势，山水形势又反过来衬托建筑，建筑群本身也就自然出现不同的形式和性格（图35c所表示的得景形势就是一个方面）。所以风景点在造景上的成败往往取决于在规划上是否能恰当地选定有典型特征的地形。

事实上，在后山西区这样经过大力加工的山水环境里，关键还不在于选择地形，更重要的是在地形规划时就一并考虑了建筑群的规划。这里五个风景点所在，山水地形加工已经为布置建筑群创造了条件。所以，实际上这里风景点建筑群的规划基本上是和地形规划同时进行的。

风景点建筑群互为对景又适当穿插障景　在后山西区可以看到从规划上保证风景点兼收成景、得景效果的一个办法。看云起时与绮望轩、嘉荫轩与构虚轩、绘芳堂，它们各各互为对景。这是一种比较紧凑的风景点配置关系（图 35b）。但在较多采用这种手法的同时还适当运用了掩映的手法。如桃花沟西侧的土山掩住了绮望轩，使它和南岸其他建筑群不能直接相望。但在绮望轩东侧又布置了山径，吸引游人登临山头。从那里豁然眺望到构虚轩、清可轩、后山中轴建筑群，这就大大增加了园林趣味。这种利用土山掩映而又创造条件使人登临眺望的手法在热河避暑山庄运用也很多。在大部分风景点能直接互为对景的情况下，在少数风景点之间作"障景"的处理是必要的。

风景点建筑群之间安排一定的轴线关系　颐和园内大大小小的建筑大都很强调轴线关系。一方面这是帝王讲求气派、强调主从、表现权威的反映，另一方面这又是大型园林规划中的一种重要艺术手法。后山西区建筑群之间的轴线关系主要是后一种性质（图 35d）。

"峡口"两岸的建筑依一共同的轴线而作对称布置。这是一种比较简单明确的轴线关系；同样也是隔水相望的绘芳堂和嘉荫轩之间的关系就不同了。这里各自的主建筑与另一组的小建筑对在一条轴线上，即绘芳堂对妙觉寺，嘉荫轩对八角亭；构虚轩与万寿山上的云会寺基本在一条轴线上。虽然它们东西略有偏差，但由于距离较远，这点偏差在视觉效果上就微不足道。这一系列的轴线关系并不是功能和技术要求的自然结果，而纯粹是一种从视景效果出发的构图安排。它们使各自独立的建筑群之间有了更明确的呼应，从规划上把许多随地形而变化的建筑群更密切地从视景关系上组织起来。

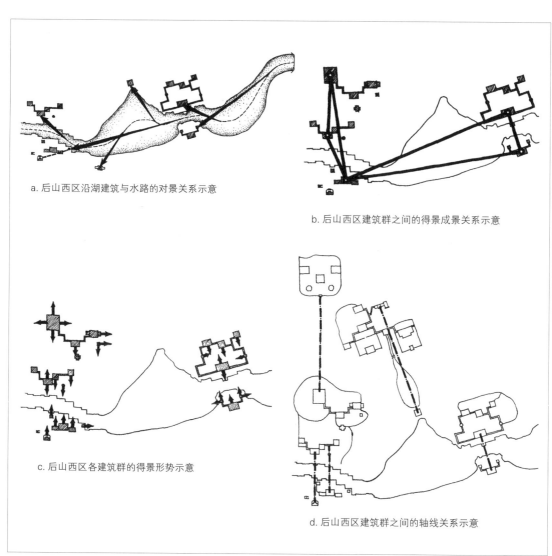

a. 后山西区沿湖建筑与水路的对景关系示意

b. 后山西区建筑群之间的得景成景关系示意

c. 后山西区各建筑群的得景形势示意

d. 后山西区建筑群之间的轴线关系示意

图 35　后山西区建筑群的景观关系

4. 道路的规划和设计

要全面分析后山西区的造景技巧，除了上述山水地形和风景点建筑群以外，还必须分析绿化和道路的规划设计。但因二百年前的绿化面貌实在难以了解，只得从略。以下探讨道路问题。

道路规划

全区道路主次分明（图 36a）。这里有两条全园性的路线贯穿全区。一条是后湖上的水路，一条是从宿云檐（即贝阙）到松堂的墁砖路，游人可以从这里直接通过全区。在这两条大致平行的路线之间还布置了随山形曲折、因地势高下的区内道路。

这些区内道路变化很多，又有条不紊。桃花沟以西的道路都汇集到绮望轩，沟以东的道路汇集到构虚轩、绘芳堂。这样就保证游人在这地形复杂的环境里不管走上哪条道路都可以通到这些风景点；同时，去每个风景点又有多种不同的路线。以绮望轩为例就有六条不同的通路。每条路的处理各不相同。游人就有由多种路线通过风景点的可能。构虚轩、绘芳堂也有类似的情况。

另一方面，桃花沟东西两边的道路又都以澄碧亭为枢纽汇集起来。这样，来往于东西风景点之间路线变化的可能性就更多了（图 36c），因而可以使人屡游不厌。这种道路系统与那种设计一条固定的游览路线相比，效果要丰富、灵活得多。

道路设计

这里对两种性质不同的道路采取了不同的处理手法。

干道　从宿云檐到松堂的砖路顺着万寿山北坡坡脚稍有曲折起伏，没有追求迂回变化，因而有明确的方向性。作为全园性的干道这是必要的，但这又容易枯燥单调。因此运用了"对景"的手法，把周围的景物有效地组织起来，随着道路的转折，陆续出现了许多对景，既丰富了沿途的视景，又随之加强了干道的导向性（图 36b）。

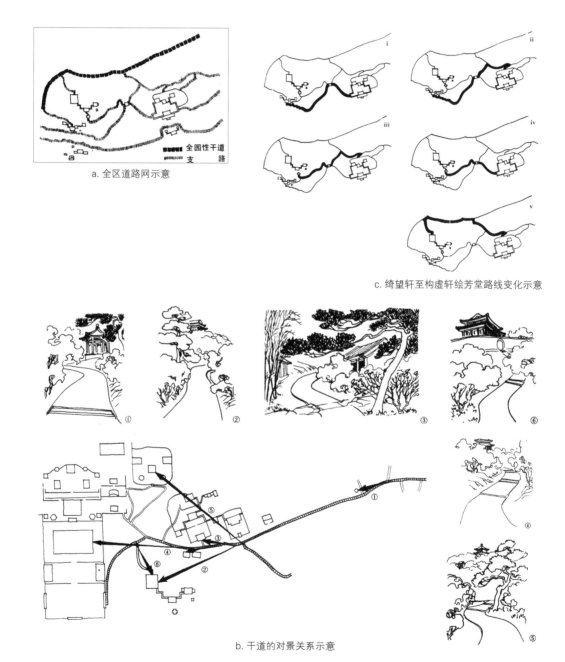

a. 全区道路网示意

c. 绮望轩至构虚轩绘芳堂路线变化示意

b. 干道的对景关系示意

图 36　后山西区建筑群的景观关系

这里作为"对景"的构虚轩、须弥灵境、香岩宗印之阁等位置和干道的基本路线都是由总体规划所决定了的。因此取得"对景"效果也就有赖于道路每一曲折起伏的处理。由于道路转折得当，游人沿路所见的景物与道路一起构成一幅幅画面。

这样的道路对景效果显然只有设计者在现场因地制宜进行设计才能得到，而不完全是在图纸上所能预计的。后山西区乃至颐和园许多道路在平面图上往往形状别扭，但它们在实际造景效果上却非常成景入画。原因就在于这里道路设计的着眼点不在于图纸上的图案形式，而取决于游人在路上的观景效果。

当然，实在无景可对的地方配合道路添置"点景"建筑的情况也是有的，例如通往湖山真意的山路与干道的交口上的八角亭就是为点景而设的。但这已不是道路本身的设计问题。

实际上后湖水路与两岸建筑也和干道一样存在"对景"关系（图35a），道理相同，不再赘述。

区内道路　区内道路和干道的处理不同。为了配合这里的山林环境，除个别路口有对景外，其余道路都没有采取这种手法，而是力求错综曲折。可以说这里采取的是一种"取境设路"的办法。自干道通绮望轩的砖路蜿蜒于山岗间，幽远深邃；湖边小路紧贴在山脚下，自成天然蹊径；自澄碧亭通构虚轩的山路隐藏在山沟里，很有山野气息；此外，每个风景点都有磴道，它们随环境而异，毫不雷同。所谓"取境设路"就是择环境而设路，好像把这些道路作为导游人，通过它们把游人引入造园者所着意创造的各种优美的典型环境中去。

不仅如此，后山西区的区内道路又被作为造景题材以加强环境的典型性。妙觉寺前的磴道就是由于与叠石结合，特为做得曲折崎岖，因而在这形状简单的土山上也富有山林气息。在这条磴道东边有条晚期随花台修建的台阶，机械地砌作，笔直地上下，完全破坏了这里的园林趣味。由此可见道路本身的形象处理对创造典型环境有直接影响。它不仅应该配合地形特点，而且可以补地形之不足，甚至本身就成为观赏对象。后山西区正是这样做到了"以路造景"。

这里有必要专门提一下后山西区的叠石。如前所述，几乎全区造景重点处理的地方都离不开叠石。它在创造山林景象方面起了重大的作用。全区叠石的特点是注重总的体形、气势，大效果很好，质朴浑厚，颇有野趣。但是，也必须看到，这里也有许多地方的石形选择、搭配以及接缝等具体处理较欠细致的推敲，显得比较粗糙。从表面上看，这是叠石技巧水平问题，实际上，却更深刻地反映了大型园林中大规模运用叠石的局限性。即使在不惜工本的皇家园林里，大规模叠石在工、料上也有较大的困难。

5. 小结

综上观之，后山西区作为清漪园的一个景区，其造园主旨是为封建帝王服务的。它运用了高超的造园技巧，创造了曲折幽深、自然山林的优美景色，充分表达了"脱俗无为"、"清高出世"的封建意识，它是一个思想内容和艺术形式高度统一的古典园林优秀作品。在研究分析这一实例时，我们所要批判的是封建统治阶级的思想意识和审美观点，我们所要学习、继承和发扬的是建造这些园林的劳动人民的智慧创造。

在评价后山西区造景经验时，有必要先谈一点对于园林艺术的浅见。

园林艺术源于生活，作为上层建筑它反映基础并为基础服务，这是它和其他艺术的共同点。园林艺术又不同于其他艺术，它需要以相对巨大的物质手段来完成，它具有生活资料、生产资料的价值，并且始终同劳动生产密切联系着。园林艺术究其本质来讲，是在繁重而复杂的物质生产过程中创造出来的，它始终是劳动人民（包括匠师）的创作。不错，园林艺术较诸建筑艺术具有更为突出的阶级性和思想性，但统治阶级不过是提出实用要求，至多包括艺术思想要求而已。表现封建统治阶级审美观点和思想意识最为充分的大型皇家园林，都是由匠师设计施工，由劳动人民建造的。这些驰名中外的中国古典园林杰作，哪一座不是闪烁着劳动人民智慧创造的光辉！

我国古典园林艺术，注重师法自然，创造具有自然风致的各种典型环境，通过环境造成的气氛感染人，通过山水、建筑的形象发人联想。它的艺术表现范畴也就仅止于创造反映自然美、形式美的园林环境。虽说它以种种不同的诗情画意谱写于咫尺园林之内，但它毕竟不能更直接地、像文艺那样表现某种确定的思想内容（园林中常通过诗画点题，这已不属于园林设计的问题）。历史实践表明，大自然的万千景色，包含着某些取之不尽的内容。各个不同的时代，都曾经在这些山川景色中搜索过，而且现在还在搜索着与这个时代的审美要求相适应的东西。各个时代曾经发现了，而且现在还在继续发现其间的新的方面。相同的自然景致对不同时代、不同世界观的人来说会有截然不同的联想；以表现自然山水为基本特征的中国古典园林创造的美好景色，在人民的世纪依然焕发着夺目光彩。这就是我国古典园林至今尚为我国劳动人民乃至世界各国各界人士喜闻乐见的真谛所在吧？因此，当我们批判反映封建统治阶级思想意识和审美观点的造园思想时，并不非议那些具有自然美的山林景色，而更加注重其造园技法的研究。

现在回到评价后山西区造景经验这个问题上来。

清漪园的后山西区修建在我国皇家园林最为发达的时期。清代到康熙后期，由于政局的暂时稳定，经济的恢复发展，帝王得以乘机大兴园囿，又将南方著名风景移于北京的三山五园和承德的避暑山庄，形成园林发展的空前高潮。颐和园正是清代大型皇家园林中修建得较晚的一个。在数十年连续造园后，匠师们得以在这里更纯熟地运用园林造景的传统经验，并有新的发展。在创造山水景物上后山西区打破了许多私家园林置山水于建筑群中的"咫尺山林"的格局，而以创造尺度较大的山水环境为主，只在其间点缀以少量建筑，这就给人以更多的山水真实感。它不同于其他大型园林而有着自己的特色。与圆明园相比，它突破了圆明园集小园成大园的格式，更多地采用开敞的、互相资借融为一体的风景点群。与热河避暑山庄相比，它不是像山庄山区风景点那样以利用自然地形为主，而更多的是大规模人工创造山势地形。所以，后山西区不仅在清漪园内是突出的一个景区，并且在我国古典园林中，在人工创造大尺度山水环境，发展以自然山水为主、点缀以少量建筑的园林类型方面较前人跨进了一步，可以认为它是这种园林类型的一个代表作品。

后山西区造景手法技巧归纳起来主要是：

在自然风景的创造上

① 根据自然山水的特征和规律，灵活运用多种多样的造园手段，以典型概括的方法创造典型的人工山水环境。

② 运用形式美的规律（如对比调和等）和人的视觉规律（如尺度感受、"不曲不深"等），以加强某种造景效果。

③ 采取因地制宜和借景的办法，充分利用客观条件，使人工的山水和周围的自然山水融为一体。

在建筑群与环境的结合上

① 风景点建筑群规划与地形规划同时进行。山水地形的加工已经为建筑群布点创造了条件。

② 风景点建筑群设在山水典型特征突出的地方。建筑布局不仅利用地形，建筑设计还着意加强地形环境的典型性。

③ 通过道路、绿化和叠石等处理，使建筑和山水环境更密切地结合起来。

在景区道路规划设计上

在景区道路规划设计上主次分明，成功地运用了"对景设路"、"取境设路"和"以路造景"等手法。

虽然这些都只是艺术造景一方面的经验，但是可以看出，这些传统的造园技巧之对于中国园林，犹如立意布局、骨法用笔之对于中国画一样，是形成传统风格必不可少的重要因素。在继承我国优秀园林传统、创造社会主义新园林的实践中，通过分析研究优秀古典园林的规划思想、技巧手法、经验教训，能对我们有所启发，起到应有的借鉴作用。正如毛主席所说："有这个借鉴和没有这个借鉴是不同的，这里有文野之分，高低之分，快慢之分。"传统造园的经验既是创作新园的借鉴，又是保护或修复古园的依据。我们探讨这个课题的现实意义也正在于此。

后记

颐和园后山西区是我国古典园林中一种类型的优秀作品。它在人工创造大尺度山水环境，发展以自然山水为主、点缀以少量建筑的园林类型方面，创造了许多成功的经验。在浩瀚的中国古典园林艺术的海洋里，它虽然是沧海之一滴，但从这一滴海水之中，我们也能够感受到我国古典园林艺术的高深精湛与夺目光彩，能够学习到许多至今仍有实用价值的宝贵经验，它使我们更加深刻地认识到，重视整理历史遗产工作的重要性。

我国古典园林艺术历史悠久，成就辉煌。它在18世纪以来，曾深刻地影响了欧洲的造园艺术，许多名胜园林至今为国内外人民赞叹向往。它是一份古代文化的珍贵遗产，它是劳动人民智慧和血汗的结晶，因此，它已成为我国建筑历史工作者不断为之奋勇开拓的科研领域。当前，伴随经济建设的迅速发展，我国人民在文化生活上的要求也相应提高。国内人民和外国友人的旅游活动正在蓬勃开展，因此在古典园林的保护、修建和新的园林、风景区的建设方面都提出了更高的要求。让我们"学习我们的历史遗产，用马克思主义的方法给以批判的总结"，为保护、修建好古典园林，为创造更加光辉灿烂的中国社会主义新园林作出应有的贡献吧！

（此文为张锦秋研究生论文的一部分，1965年12月完成于北京，1978年修改于西安；曾发表于中国建筑科学研究院建筑理论及历史研究室编《建筑历史研究》第二辑）

西安化觉巷清真寺的建筑艺术

图 1　喀什艾提卡尔清真大寺

自唐代伊斯兰教传入中国，也随之传入了伊斯兰清真寺建筑，中国的建筑匠师们经过若干世纪吸收融化，及至明代已经创造出比较成熟的中国风格的清真寺建筑。中国的清真寺建筑就其形式来看，大体可分为新疆地区维吾尔族的清真寺以及其他广大地区回族的清真寺。前者受中亚影响较大，如喀什艾提卡尔清真大寺（图 1）；而后者大都采用当地汉族传统建筑形式。坐落在古城西安的化觉巷清真寺就是我国现存后一类型的清真寺中规模最大、保存最完整的一座。

这座寺院原名清修寺。始建于明初（14 世纪），后历经明嘉靖元年（1522 年）、明万历三十四年（1606 年）及清乾隆二十九年（1764 年）多次重修。

寺院位于密集的回民居住区内（图 2）。它不仅是回民的宗教活动中心，同时也是回民的政治、文教及其他社会活动的中心。

化觉巷清真寺以它传统的总体布局、丰富的建筑类型、精湛的建筑装饰和得体的庭园处理而成为中国清真寺的重要实例之一。它说明了中国建筑匠师有着勇于吸收外来经验并在传统的基础上创造自己的独特风格的才能。

传统的总体布局

用富有当地传统特色的建筑艺术来建造自己的寺院。它们的形式在"伊斯兰风格"的基调上千变万化，但其平面型制基本上只有一种 —— 一个方整的四合院布局。这种型制是由伊斯兰教严格的教义和仪典所决定的。通常是一个四合院，三面廊舍环抱，第四面即是密排着柱、墩的大殿。殿后有一神龛。寺的方向

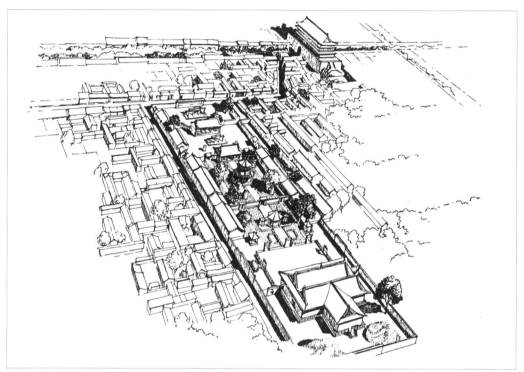

图 2　西安化觉巷清真寺鸟瞰

图 3　依勃—士伦清真寺内景

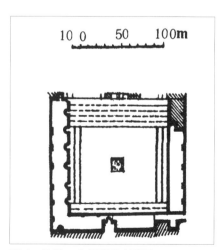

图 4　依勃—士伦清真寺平面

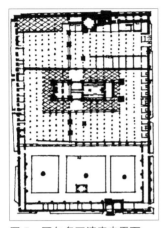

图5　哥尔多瓦清真寺平面　　　　图6　哥尔多瓦清真寺内景

必须保证使穆斯林们向神龛跪拜时都面向沙特阿拉伯的伊斯兰教圣城麦加，每个清真寺都有呼唤人们前来礼拜的高塔。开罗的依勃—土伦（Ibn-Tulun，876年）清真寺是较早期的典型实例（图3、图4），著名的西班牙哥尔多瓦（Cordoba，785～987年）清真寺历经约200年的发展和改建仍保持了这一基本型制（图5、图6）。后来清真寺的平面型制逐渐加强了地方性而有所变化。如11世纪的伊斯发罕（Isfahan）清真寺把礼拜殿布置在院落四周。此后许多中亚的清真寺均取这一型制，如撒马尔罕市中心著名的皮皮—哈内（1399～1404年）清真寺及布哈拉的卡良（1514年）清真寺即是（图7～图11）。由此可见，阿拉伯和中亚的清真寺尽管平面型制上有所发展变化，却始终保持了一个四合院的基本格局。

化觉巷清真寺也采用了四合院，但不是一个四合院，而是一串四合院。

在建筑的方位上化觉巷清真寺与中国所有清真寺一样是坐西朝东的。在相距47.56米宽的两道围墙间，沿一条245.68米长的东西向轴线共布置了五进院落，成为中国回族清真寺中中轴线最长的一个（图12）。

第一进院落是入口大院。中国回族清真寺入口的布局方式是多种多样的：当

图 7　伊斯发罕清真寺壁龛

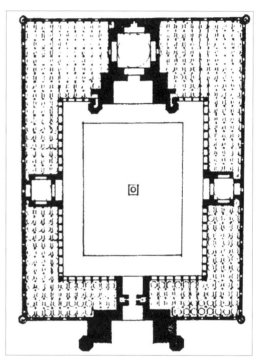

图 8　皮皮—哈内清真寺平面

图 9　皮皮—哈内清真寺复原

图 10　卡良清真寺

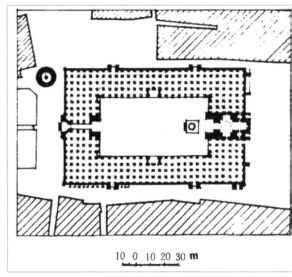

图 11　卡良清真寺平面

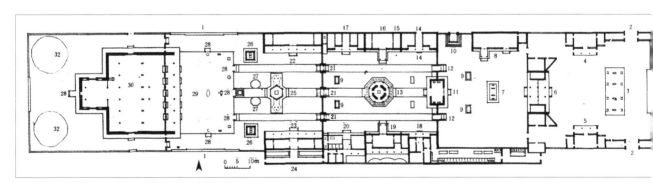

图 12　西安化觉巷清真寺平面图

1. 照壁　2. 大门　3. 木牌坊　4. 来宾室　5. 贵宾室　6. 二道门　7. 石牌坊　8. 接待厅
9. 冲天碑亭　10. 便门一　11. 三道门（敕修殿）　12. 垂花门　13. 省心楼　14. 便门二
15. 阿訇居室　16. 讲经堂　17. 居室　18. 浴室　19. 会客室　20. 来宾浴室
21. 四道方（联三门）　22. 北厅　23. 南厅　24. 碑廊　25. 凤凰亭　26. 碑亭
27. 水池　28. 石牌坊门　29. 月台　30. 礼拜殿　31. 便门三　32. 望月台

主要出入街道在寺院东端时，在正东中轴线位置直接开大门，如西安大学习巷清
真寺（图13）；当主要出入街道在寺院的西端，则往往在礼拜殿后方院墙两侧
或一侧开门，如北京牛街清真寺和西安广济街清真寺（图14、图15）；当主要

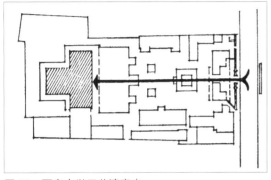

图 13　西安大学习巷清真寺

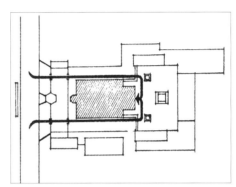

图 14　北京牛街清真寺

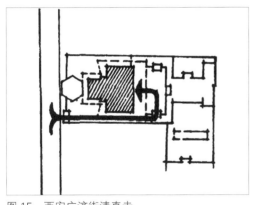

图 15　西安广济街清真寺

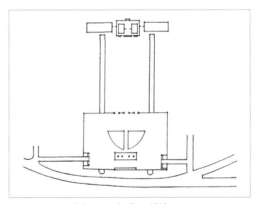

图 16　西安碑林（原文庙）前院

出入街道在寺院南北侧时，则借鉴文庙入口布局（图 16），在正面不开门（图17），而将寺院的第一道大门设在一侧或两侧的院墙上。化觉巷清真寺正属于这最后一种。以传统的木牌坊这种纪念性建筑作为第一进院落的构图中心，使这一空间具有庄严肃穆的气氛（图 18）。

　　二道门以内的第二进院落，南边空地原为回民墓地。院北经学（为回族子弟学习阿拉伯文的学舍）现已扩建为接待厅。院落中部的三开间石牌坊成为第二进院落的构图中心（图 19）。

　　三道门现名"敕修殿"，其中陈列阿拉伯文及波斯文碑石多座。第三进院落中心耸立着一座二层的"省心楼"（图20）。这不仅是全寺，而且还是附近回民居住区的一个制高点。南北两厢分别安排有浴室、阿訇居室、讲经室、会客室以及其他设施。这里是穆斯林日常活动较多的一进院落。院子东西深44.9米，南北宽32.2米，是全寺中唯一一个纵深的院落空间。它对后一进院落起到了很好的导引作用。

图17　东墙照壁外观

图18　第一进院落

图19　第二进院落的石牌坊

图20　省心楼

第四进院落是全寺的主院。西为清真大寺主体的七开间礼拜殿。院东半部是以"凤凰亭"为中心的庭园布局（图21）。西半院与许多中国回族清真寺一样吸取了佛教寺院大殿前有宽敞的月台，台前两侧各置一亭的格局。在月台的正面和南北两侧的石碑坊门，丰富了月台的轮廓，突出了月台上部空间，和月台两侧南北院墙上的照壁共同加强了宗教气氛（图22）。

在寺院西端的后院南北各筑一供阿訇封斋、开斋望月的望月台。这两座点缀以山石、小径的土丘把人们的视线转而引向上方，以此作为空间序列的结束，颇有无尽之意。

值得注意的是在人们活动较多的第三、四两进院落内，除中轴线外，还有两条与之平行的辅助轴线。这就是从寺院第三道门两旁的垂花门开始，经过联三门的边门、月台石牌坊门，直至礼拜殿梢间的两条轴线。它们从功能和布局的形式上都突出加强了这两进院落。此外由于人流主要来自寺北的化觉巷，寺院北侧共开了四道门，可分别出入于第一、二、三、四各进院落，在使用上具有很大的灵活性。

据考证，这样一个完整的建筑布局是在寺院不断扩大发展的过程中才形成的。根据明嘉靖年所立《敕赐清修寺碑图》等现存史料来看，由小到大，由少层次到多层次，由不对称到对称，这就是化觉巷清真寺总体布局演化的过程。

图21　凤凰亭

图22　从碑亭看礼拜殿

这个经过不断改建发展而形成的布局正是中国殿堂建筑的传统布局。其特点是沿着一条主轴线有次序、有节奏地布置若干进四合院，形成一组完整的空间序列。每一进院落有着不同的功能要求和艺术特色，而又循序渐进、层层引深、共同表达着一个完整的建筑艺术主题。以化觉巷清真寺为代表的中国回族清真寺大都采用了这种与伊斯兰清真寺固有型制全然不同的总体布局，很好地满足了伊斯兰宗教活动的要求。这的确是一项具有高度创造性的建筑活动。当然，采用这种中国的传统布局方式决不意味着是套用了某种固定的程式。在中国传统建筑中，各类建筑都采用了这种布局方式而从不雷同，关键就在于如何运用各种建筑尺度和造型以及建筑小品、园林绿化等多种手段创造出千变万化的空间组合。其空间序列的变化除了把握每进院落的尺度比例外，主要着意于中轴线上的建筑变化。这里有两个特点是值得注意的：一是在每一进院落中部都安排了一座独立的、观赏价值较高的建筑。由第一进院落至第四进院落分别为木牌坊、石牌坊、"省心楼"、"凤凰亭"。一是每个院落的过渡方式均不雷同。五进院落间的四组门有五开间的二道门、三开间的"敕修殿"两侧配以垂花门、砖构的联三门以及月洞门等多种形式，这样使每进空间的转换都有新意。由于中轴线上的建筑作了上述两方面的安排，对主体建筑礼拜殿起到了较好的铺陈、烘托作用，最后当礼拜殿展现出来时犹如乐章达到高潮。这正是化觉巷清真寺布局成功之所在。

丰富的建筑类型

化觉巷清真寺殿堂厅廊各种房屋共 120 余间。建筑类型有礼拜殿、帮克楼、碑亭、凤凰亭、木石牌坊等共计十四五种（图 23 ～图 31）。如果把许多建筑小品也包括在内，那么建筑类型就更加丰富了。这么多不同类型的建筑单体按照不同的功能要求被组织在几进院落之中主次分明而又和谐统一。寺内的主要建筑物采用中国传统木结构体系——砖石台基、木构架、琉璃或灰瓦坡屋顶。因此从个体建筑的形式上观察，与阿拉伯和中亚传统的清真寺砖石结构形式是很少共同之处的。所以化觉巷清真寺反映出伊斯兰清真寺传入中国后，不仅在布局型制上逐渐发生了变化，其结构体系、建筑型制也相应地起了变化。在伊斯兰教传入中国时，中国早期的清真寺也采用了国外清真寺的结构体系和建筑形式，如泉州清静寺（图32、图33）。

　　高耸的塔楼是清真寺建筑的重要标志之一。其名称不一，宣礼塔、帮克楼、密那楼、光塔都是召报人在其上招呼教徒入寺礼拜的塔楼。阿拉伯和中亚的清真

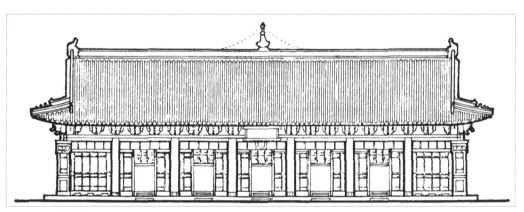

图 23　礼拜殿东立面

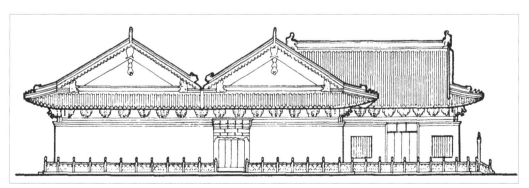

图 24　礼拜殿北立面

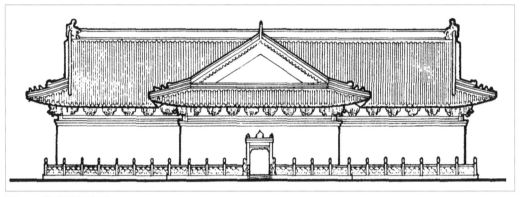

图 25　礼拜殿西立面

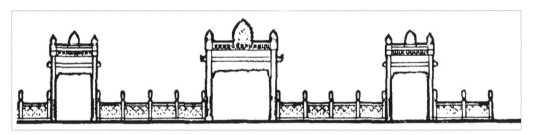

图 26　月台石牌坊门

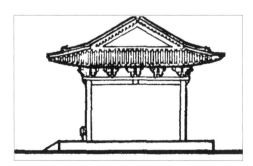

图 27　敕修殿北立面

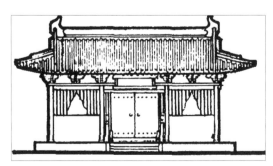

图 28　敕修殿东立面

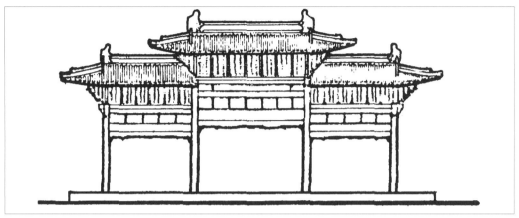

图 29　木牌坊

图 30　石牌坊

图 31　省心楼

图 32　泉州清静寺大门

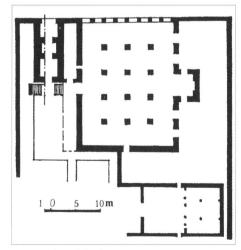

图 33　泉州清静寺平面

寺塔多为砖石结构，平面呈圆形、多边形、方形。一般塔身下大上小逐渐收分，满饰几何纹样。顶端则有一段向四围悬挑出来的繁密装饰以结束塔身，或作小亭形以葱头顶结束（图9）。平面形状可各节不同，分节变化处则用许多蜂窝状的装饰（图34）。我国建于宋代的广州怀圣寺光塔基本上采用了阿拉伯形式，在圆形塔身上覆以葱头形穹窿（图35）。明清时期许多回族清真寺则大都采用中国传统的木结构楼阁作帮克楼（图36）。化觉巷清真寺的帮克楼（"省心楼"）正是如此。楼平面呈八角形，共分二层，用活动木梯上下，三层檐，八角琉璃攒尖顶。楼上楼下均周以檐廊。底层内柱间砌墙，东、西、南、北四向各开一门。贯穿全院中轴的主要道路由此通过。楼总高 10.131 米。其木柱、梁枋用料均比较壮实，斗栱也形体朴拙。但由于系八角形楼阁，较之一般方形帮克楼与周围建筑有更好的对比效果，显得比较轻快。

化觉巷清真寺对门、亭、牌坊、照壁这些小型建筑运用恰当、安排得体，明显地加深了全寺的建筑艺术效果。如前所述寺中的门根据其不同的位置和功能而分别采用了山门、垂花门、砖联三门、月洞门等形式。寺中的亭也有三种之多：正方木构碑亭、砖砌冲天碑亭、轻巧活泼的凤凰亭。它们在建筑群中很好地起到

图 34　开贝特清真寺

图 35　广州怀圣寺光塔

图 36　临夏南关大寺唤醒楼

了陪衬主体的作用。牌坊是中国特有的传统纪念性建筑，在这座寺院里恰当地运用了这种建筑形式。第一进院落的主建筑木牌坊，斗栱层层叠叠，檐角如翼如飞，甚是壮观。第二进院中心的石碑坊，为仿木构形式，造型简洁。礼拜殿周围的六个石牌坊门以及在牌坊以东，月台南、北这三处把围墙处理成有装饰性的照壁，都有助于陪衬主建筑、加强庄严肃穆的气氛。

礼拜殿是我国建筑匠师按照伊斯兰宗教仪典的要求，运用中国建筑传统创造出的一种在回族清真寺中所独有的建筑类型。化觉巷清真寺礼拜殿平面呈"凸"形。建筑面积 1278 平方米。前面大殿部分七开间通面宽 32.95 米。凸出部分叫窑殿（迈阁菲勒）。在窑殿后墙上有尖拱形壁龛，称窑窝（Mihrab），是礼拜时朝拜的对象。在大殿通往窑殿的门旁设有布道人用的宣谕台（Minbar）。礼拜殿上覆盖着称之为"勾连搭"的天蓝色琉璃屋顶。"勾连搭"就是两个或两个以上的坡顶平接。中国传统的大屋顶一般是从檐口开始每一步架都按水平距离的一定比例向上举折，因此屋顶的总高与建筑的进深有直接的关系。进深越大，屋脊越高。化觉巷清真寺的礼拜殿内由于要进行上千人集体礼拜活动，其进深达 27.6 米，与一般佛教大殿相比进深是大得多了。如果这座大殿也用一般屋顶的做法，则屋顶高度将超过 8 米。这样大的屋顶无论对于大殿本身的造型还是整个建筑群空间尺度来说都将造成比例失调，室内也将为此增加内柱而不利于礼拜使用。采用"勾连搭"屋顶解决了这一问题。它将 27.6 米分为两跨，作两个平行的歇山屋顶，再加后窑殿凸出部分的屋顶穿插上来，成为一组尺度合宜、体形丰富的大屋顶，从而使礼拜殿获得具有个性特征的建筑轮廓（图 23～图 25）。这种"勾连搭"屋顶已普遍使用于回族清真寺较大的礼拜殿，成为礼拜殿的一种典型形式。

礼拜殿内满作天花，净空高仅 6 米左右，与佛教大殿常用的彻上露明造的高大空间相比，更给人一种深邃的感觉。全殿有门九樘。七开间的大殿内无窗，仅在窑殿南北墙上各开二樘直棂窗，因而整个大殿显得十分幽暗。透过深深的大殿仅见窑殿内的几缕阳光，更增加了一种迷离的神秘色彩。恩格斯说："回教建筑有如星光闪耀的黄昏。"化觉巷清真寺礼拜殿正生动地体现了这种神秘的宗教气氛。

精湛的建筑装饰

化觉巷清真寺的建筑装饰是将伊斯兰建筑装饰与中国传统建筑装饰交汇融溶的典型作品。其成功之处主要在于：把握建筑群色彩基调；突出主体建筑的装饰；运用多种中国传统装饰手段做出各种体现伊斯兰教意的"满花"图案，以取得富有伊斯兰特点的装饰效果。

化觉巷清真寺建筑基调的选择很讲究。中轴线及其附近的建筑，如礼拜殿、碑亭、联三门、省心楼、照壁等都采用了天蓝色琉璃瓦顶。在各处的彩画又注重多用蓝色。这就使大片的天蓝色屋顶与立面装修上蓝色的细部相呼应，融汇成一片蓝色的基调。这种蓝色是伊斯兰清真寺所特有的。把握住这一设色基调，就使寺院建筑群在色彩上伊斯兰化了。在建筑群的装饰上把握基调是装修成败的前提。在这方面化觉巷清真寺是相当成功的。

这组寺院的建筑装饰是主次分明的。寺中作为主体建筑的礼拜殿是装饰的重点。礼拜殿中窑殿是装饰重点。窑殿中窑窝是装饰重点。越是重点部位装饰的规格越高、装饰越丰富、色彩越响亮、材料越高级，因而取得了主体突出的效果。

具有伊斯兰风格的"满花"装饰效果就突出地表现在礼拜殿的室内装修上。礼拜殿内集中运用了多种建筑装饰。特别是窑殿的装修基本上保存了明代建筑的原物，无论从艺术、文物或宗教的角度来看都堪称精品。殿内大片吊顶全部做成"井"形天花。天花图案共计六百余幅之多。其"满花"效果实在堪与外国清真寺穹窿天花的"满花"比美。伊斯兰教不拜偶像，作祈祷时都是朝着窑窝礼拜。这个窑窝就是礼拜殿最神圣的所在。因此，作为窑窝的壁龛和它所在的墙面就成为全殿装修的重点。

壁龛本身呈尖拱状，宽1.2米，高1.9米，深0.83米。龛内为阿拉伯几何纹样装饰。

图 37　墙头砖雕

图 38　砖壁雕细部

围绕这一凹龛向左右及上方作层层扩大的木雕"满花"装饰，直至将这一开间墙面做满，其形式取法于中亚清真寺。但在阿拉伯文和伊斯兰传统装饰纹样为基调的情况下，多处组织进了中国传统的宝瓶、牡丹等纹样。这些集中式图案的采用，使这个中亚式的壁龛面又具有了一定的中国风味。在壁龛左右的另外两个开间里，也饰以菊、荷图案为主的"满花"木雕装饰，纯然是中国传统风格。中外这两种不同气质、不同风韵的装饰和谐地统一在"满花"的效果之中，它们构成了一片完整的富丽的红底金花墙面，使整个窑殿满堂生辉。由于寺院禁止外人拍摄这处最神圣的地方，笔者只能述诸文字。

　　寺内用得最多的中国传统装饰手段还有砖雕。上自屋脊，下至透气孔，大自照壁，小至墀头、瓦当，许多砖雕都做得耐人寻味。这些砖雕中有些不仅是成功的建筑装饰，甚至其本身也已成为一个独立完整的雕刻创作（图 37、图 38）。寺内门扉木雕也不乏精品（图 39）。

　　当然，由于化觉巷清真寺经过历代重修改建，难免在一些装修上出现风格不够协调的现象，有些装饰未免失之繁琐。这可能与当时参与此项工作的匠师们带来的

图 39　门扉木雕

地方风格有关。同时还可以看出，由于中国传统装饰根深蒂固地渗入每个建筑细部，因而不可避免地在化觉巷清真寺还是出现了少量不符伊斯兰教义的装饰，如屋脊的吻兽，石碑下的玄武，多处龙纹等。也许由于这些都是中国传统中的"吉祥之物"而被保留下来。

得体的庭园处理

化觉巷清真寺在历代修葺的过程中，逐渐增加了许多庭园化的处理，这座古老的寺院除庄严肃穆的宗教气氛之外，同时还表现出中国穆斯林并不厌世避俗而注重现实的旺盛生活情趣。这些庭园处理集中在以"省心楼"为中心的第三进院落和以礼拜殿为主体的第四进院落。

整个寺院从第三进院子开始广为种植树木花卉。在三条纵向平行穿过院子的道路之间种植了玉兰、牡丹等绚丽的花木。省心楼犹如园林中的楼阁，两厢以空廊和轻巧的抱厦陪衬呼应，使整个庭院呈现出亲切安详的生活气息。

第四进院子是寺院空间序列的高潮，原来这里和一般寺庙的格局一样，一进院内就正对巍峨的大殿。然而清代匠人别具巧思地在中轴线上距联三门约 17.5 米的地方增建了一座具有园林建筑风格的"凤凰亭"，即在一座六角亭的两侧各立一个三角小亭。三个亭子的屋顶连接在一起，有如凤凰展翅。从木构型制和加工水平来看，这完全是清代民间做法，它丰富了空间层次。

通过"凤凰亭"至月台的通道两侧对称布置着石栏、水池。池中有叠石，池畔立石峰，颇具寺庙园林的风味。月台前的碑亭尺度、风格均与"凤凰亭"一致

图 40　会客室内庭　　　　图 41　碑廊内庭

而接近于园林建筑。礼拜殿的山墙与围墙之间距离很小。在这段狭弄东端巧妙地设置了一道隔墙，墙上开有颇具园林风格的月洞门。

　　此外寺内还有两个富有情趣的小院。一个在第三进院子南厢会客室的南侧。这是一个由檐廊和围墙组成的 5 米宽的扁长内天井。白粉墙衬着花台，使室外空间为会客室增添了生气（图 40）。第四进院子南厅南侧有一道碑廊与南厅形成"工"形平面。这里构成两个 2.2 米宽的天井（图 41）。廊内墙上饰有砖雕。这种在园林建筑中广为运用的室内外空间穿插的手法出现在这组中轴对称的寺院一隅，给人印象尤为深刻。

　　化觉巷清真寺的建筑艺术成就是多方面的。它体现了一种外来建筑类型在中国的发展演变。了解它、研究它，对于探讨我国建筑现代化如何走自己的道路不无裨益。

　　（此文发表于 1981 年《建筑学报》第 10 期）

访古拾零

五台山佛光寺

　　1981 年 5 月，为西安青龙寺第一期工程（空海纪念碑院）设计作业务准备，我们设计组男女老少九人进行了一次古建筑学习调研。此行主要目标就是山西五台山中的两幢千年唐殿——南禅寺大殿和佛光寺大殿。

　　在太原借汽车无着，我们决定乘公共汽车分段而行。5 月 8 日，黎明即起，6 时出发，约正午 12 时到达东冶。为了从这里去南禅寺，我们就便投宿于东冶汽车站。午饭后由此搭公共汽车直奔南禅寺。南禅寺大殿果然名不虚传。它是我国现存最古老的木结构建筑，建于公元 782 年（唐建中三年）。虽然只是个三开间的殿宇，但造型端丽、结构简洁，是典型的唐式建筑。平缓的屋顶、深远的挑檐、舒展微翘的翼角、简明受力的斗栱、侧角的木柱、升起的梁枋、高昂的鸱尾、两端升起的叠瓦屋脊、叉手、直棂窗……我们这一伙就像小学生认字母一样逐一识别。以前从书本上学得的抽象概念一一得到印证，我简直心花怒放。唐代建筑如此洒脱地展现在我们眼前。有限的时间不允许我们在那里仔细欣赏、体味。很快我们按照分工，摄影的摄影，测量的测量。我们不仅要带走它古老而又清新的形象，还要掌握它一系列相关的数据。既要定性，又要定量，这样才是比较扎实的设计参考资料。由于南禅寺其他建筑均非唐构，所以整整一下午我们都围着这一座大殿忙碌。结束工作时已夕阳西下，返回东冶的班车已经没有了。大家带着丰收的喜悦，徒步 1 小时 35 分钟回到东冶车站。晚餐时，车站食堂的炊事员热情地为我们供应了一顿刀削面。

　　9 日晨 7 时 3 刻我们告别东冶，乘公共汽车去阎家寨。一路上车在干得尘土飞扬的山路上盘旋。但就在快到目的地前，老天不作美，竟然下起了瓢泼大雨。我们就近到农村生产大队部避雨。12 点半，雨势稍减。听老乡说，佛光寺就在前面那座绿绒绒的山里，大家迫不及待地决定冒雨登山。正当我们在上山的陡路上被行装、资料、相机压得气喘吁吁而又不愿稍事休息时，山回路转，佛光寺的山门豁然呈现在我们面前。厚重、硕大的山门向我们预示着这是一座远比南禅寺要巍峨得多的寺院，顿时一路的疲劳消失殆尽。快步进入山门，我被眼前的景观凝住了。我第一次看到这样古朴恢宏的寺院。由于山势地形的关系，寺庙坐东朝西。前面是二十多米进深的前院，有名的金代建筑文殊殿处于北配殿的位置。相对的南侧没有房宇而仅是一道砖墙。院子尽头是一重高台，台上南北两侧有对称的厢房。其正西是一排券洞式的平房，正中一孔大券洞内是通宽的石级，直通第二重高台。高台上挺立着一对茂密的古松。在它们浓荫掩映下屹立着巍巍大殿（图1）。哦，这就是梁先生多次对我们讲述过的那座佛光寺大殿，那出檐深远、斗栱宏大

图1

的国宝，一种神圣的感情油然而生。这是我学生时代就仰慕向往的所在，20多年后的今天我终于登门造访这座不朽的殿堂了。

一位法号湛瑞的师傅接待了我们。当他知道我们是为修青龙寺而来取经时格外热情。他说："你们修庙真是功德无量，一定子孙万福。"我们一行九人被作为寺庙的贵客分别安置在第一层高台的南北厢房住下。按照计划我们在这里只能停留两天半。年轻的小姜、小刘找来了木梯，他们不仅测量了外檐的木构尺寸，还上房测了屋脊、鸱尾等尺寸。大家摄影、画速写、作笔记忙得不亦乐乎。湛瑞法师看见大家工作那样认真，特别当他听说我是清华大学建筑系毕业的学生时，高兴地告诉我，他是梁思成先生在此发现唐代建筑的见证人。他说，1936年他还是个年轻小和尚，亲眼看见梁先生一行骑着毛驴来到佛光寺，是他去为他们牵毛驴、卸行李的。湛瑞法师指着我们女同志住的北厢房说，梁先生他们就住在这排房子北边的后院。他形容了梁先生和林徽因先生、莫宗江先生如何爬高下低艰苦工作。他说："是梁先生他们发现鉴定了这座大殿是唐代建筑，这个功劳可不得了。他们是了不起的专家呀。"说到这里，法师苍老瘦削的脸上显露出一种光辉。"从此以后我们这个佛光寺才有了名气，才受到重视，国内国外来看的人可真不少。"他还高兴地告诉我前几年莫宗江教授曾带领年轻人来佛光寺。他感慨地说："莫先生也见老了。"法师说在"十年动乱"中他们僧人都被迫还了俗。"拨乱反正"以后他才回到了自己的寺院。暮色降临，皓月当空，我独自一人在群山环抱的寺院内徘徊。万籁俱寂，只听见有轻轻的木鱼声和吟诵声。我踏着月光循声走去，但见空荡荡、黑沉沉的文殊殿中闪耀着微弱的烛光，湛瑞法师独自一人正在诵经。据说这是每晚必作的功课。这时我深深感佩法师是个有虔诚信仰的人。一个人有高尚的精神情操，有明确、坚定的目标而又能为之奋斗就是幸福的。这样的人会不畏艰苦、不惧孤寂。当年梁思成先生夫妇二人从大洋彼岸回来，为发掘和总结祖国的传统建筑遗产而奔走于荒山野林不是很神圣、很幸福吗？建造佛光寺大殿的匠师们，如果知道他们的劳动成果在千年后还焕发着强大的吸引力又该如何自豪呢？

　　5月11日下午我们与湛瑞、悟正等三位法师合影留念，晚饭后又前往法师处告别。第二天黎明起身，5时正坐上预约好的大车出发前往豆村，然后由那里转乘公共汽车经五台县向台怀进发。

敦煌莫高窟

　　大漠一展无垠，夕阳轻洒余晖，唯有一尊方形土塔矗立着，是它使这单纯得不能再单纯的视野具有了画意。徐徐下沉的落日不像往常诗人们形容的那般色彩绚丽，而只是泛着淡淡的、微弱的白色。在这万籁俱寂的时候我独步在鸣沙山上，举世闻名的敦煌莫高窟就在我的脚下。在这里回顾着几天的工作。我得到保管所的惠待，每天由王师傅为我打开预约的若干洞窟。我可以一个人自由自在地在窟内参观、琢磨、勾画、记录。我一旦置身于这座积累了一千六百多年的宝库，真有头晕目眩、应接不暇之感。凭借着借来的大口径电筒、戴上了那副平时看电影才戴的近视眼镜，我在黑暗中摸索、寻觅。我本是为搜集唐代建筑资料而来的，但在这些洞窟里我首先感受到的是中华民族历史文化的脉搏。这些冰冷的洞窟、凝固的佛像、斑驳的壁画散发着如此震撼人心的艺术之光，表达着如此强烈的民族感情，笼罩着如此虔诚的精神信仰，想把一切都装进脑子里、记在本子上简直是痴人妄想。每离开一个洞窟时我都有"挂一漏万"的心情。自己的容量如此狭小，怎能包容得了这座万古流芳的艺术宝库呢？

　　莫高窟始建于公元366年，经过河西人民世世代代不断开凿，形成了栉比相连、长达1600米的石窟群。现存有塑像、壁画的洞窟492个，壁画5万平方米，据说可布置成一个长达25公里的画廊。敦煌是我国古代国防重镇，是佛教传入中国内地的前哨，是丝绸之路南北二线的交汇点。由于种种历史背景和原因，这里就出现了名扬海内外的艺术奇迹。莫高窟的意义远远超出了宗教艺术的范畴。它是一部史书，记载着从魏晋南北朝直到元代的许多重大历史事件和历史人物，记叙了古代丝旅贸易的场景，刻画了西陲争战的史实，表现了古代的风俗民情，乃至音乐、舞蹈、城市、建筑、衣着、服饰……说这些壁画不是艺术家的信手之笔，而是史实的具体写照，是有根据的。我国在吐鲁番阿斯塔那墓出土的当年运往海西的图案织锦实物竟与莫高窟中所画很多佛像袈裟和菩萨衣裙的"联珠飞马纹"、"联珠狩猎纹"、"菱形团花"、"棋格团花"等图案锦缎无异，难怪与我同时住在莫高窟招待所的客人中有研究音乐史、纺织史、美术史等各方人士。敦煌建筑研究专家萧默同志当时也正在那里撰写他的巨著。

　　虽然保管所规定不许在窟内拍照，使我不能广泛搜集资料，但是对于我最感

图2

兴趣的部分，我可以徒手速写记录下来（图2）。两只手同时担负着拿速写本、执钢笔、打手电等多项任务，确实让它们忙得不可开交。洞窟内的建筑是画不胜画的。几乎所有的佛像、经变、传统神话无不处于一定的建筑环境之中。由此我不禁自豪起来：无论古今、无论人神都离不开建筑，它作为人们的活动环境无处不在。建筑师的工作因此而意义重大、丰富多彩。

几天来进出于琳琅满目的洞窟，看到佛教这个原本来自印度的宗教是多么明显、多么自然地被中国化了。无论佛像还是供养人乃至飞天的形象都从印度、中亚风而转为中国风，并进而从西域型渐变为中原型。洞窟壁画上的建筑、陈设、服饰、装饰纹样都明显地显示出东西方文化艺术的交流与融合。璀璨、恢宏的敦煌艺术表现出它生机勃勃、博采各国之长的包容性。我们的祖先就是开放的、善于吸收的……

嚓、嚓、嚓的流沙声把我从沉思中警醒。那是两位游人也来到这里捕捉鸣沙山的黄昏。一位少女陪伴着一位长者，像是父女二人，姑娘似乎看出我也是个好游者，便热情地和我招呼，并问道："你看过画工洞吗？""在哪里？""就在北边河道的西岸。人家说古代石窟的画工就住在那里。"

于是，第二天，也就是我在莫高窟停留的最后一天。披着朝霞晨风，带着相机和速写本，我沿大泉河东岸北行。隔河望去，莫高窟在西岸的鸣沙山陡壁上一字排开，我像是在和它们一一告别。窟区以北就是秃秃的山壁。继续前行，我看见山壁上出现了大片斑斑黑点。当我走到这片山壁正对岸时才看清楚，原来那些黑点是一个个洞穴。就是它们！这就是"画工洞"！据说，敦煌的工匠们长年在洞窟中雕凿着、塑造着、描绘着他们的理想和信仰，每天晚上就回到这些直不起身的洞穴中就寝。日复一日，年复一年，就这样创造出了东方艺术的宝库。我伫立着，凝视着，眼睛模糊起来。我想数一数有多少洞，但那里数得清啊！是穴居在这里的"卑贱者"创造了莫高窟的文明。他们是被迫的，还是自愿的？我不知道。但我坚信，莫高窟内那些充满生机的艺术品必然出自满怀创作热忱和虔诚信仰的人。

我们的祖先为我们留下了不可泯灭的艺术之宫，那么，我们又能为后代留下什么呢？在大泉河畔我徘徊了良久，良久。

西安碑林

世上有百去不厌的场所吗？有，西安碑林就是这样一个去处。这是一座灿烂的石刻艺术宝库，向来以碑石精英而驰名于世。我到这里究竟有多少次，连自己也说不清楚了。可是每去一次，总是多多少少有新的收获。

西安碑林中保存的历代碑刻凝聚着我国古代许多书法艺术大师的心血和才华，具有巨大的艺术价值和文物价值。我国的书法源远流长，有篆、隶、真、行、草多种书体，百花齐放而经久不衰。每当我盘桓于碑群之间，在一块块名碑前不禁肃然起敬。仅就真书的艺术风路观之，每个时代都有所不同，就在一个朝代之中也是风格各异。欧阳询体以点画精细、结构端庄劲挺见称于世。虞世南的书法则"得大令宏观"，"若行人妙选，罕有失辞"。前者外露筋骨，后者内含刚柔。褚遂良的书体兼收欧虞两家之长，而又独具风格，不为前人束缚，以疏瘦劲炼著称。在碑林中颜真卿的书法很多，真可谓一碑一貌，面目各异，加以对照，可以看出一个书法大师的艺术发展道路。《颜氏家庙碑》书法造诣达到炉火纯青的地步，丰美健壮、气韵醇厚，成为颜体的代表作，而那时颜公已垂垂老矣！与颜真卿一起开创了我国书法艺术史上一代新风的柳公权（有"颜筋柳骨"之称），他的代表作之一《玄秘塔碑》用笔果断、结构紧劲、神韵刚健，那是我孩提时学习书法的模板。如今年过半百，站在这通螭首方座、3 米多高的巨碑面前，不由得想起了我习字艰难的少年时光。

每一次学习碑林的书法都引起我许多联想：书法大师的为人处世无不勤奋好学、刻苦求精、锐意求新。偶尔也联想到我们为之献身的建筑艺术，建筑布局如同书法的间架结构，都是空间艺术。建筑风格如同书法的神韵。建筑处理如同书法的用笔。如果我们建筑师也能像书法家学习书法那样学习传统建筑，掌握它的空间构图、造型特点，神韵风格，从中提炼概括出一些带有规律性的东西，进而创新，那么，十几年、几十年积累下来，我们从传统之中可以获得更为丰厚的果实，并进入新的境界。

　　碑林的石雕也是十分杰出的。可惜的是展厅太拥挤，连合理的观赏距离都保证不了，更不要说艺术效果照明了。那一年，我设计阿倍仲麻吕纪念碑，第一次想要在设计上表现具有唐风的雕刻，我便来到了碑林石刻陈列馆。这里唐代珍品中的佛像、昭陵六骏及许多莲座都充分反映出唐代石刻丰满圆润的特色。为了能多看一些，我又转到了碑林的偏院。在一个隐蔽的小院里我看到露天堆置着许多石刻。有无头的佛像、残缺的石兽，更多的是形形色色的佛座和柱础石。也许是因为它们残破，或许是因为它们受到显然不公正的待遇，我竟感到它们焕发着比展厅中的珍品更为古朴淳厚的艺术芳香。我看到那些唐代佛座上的莲辨竟是如此硕大、丰满，花瓣圆润肥厚，瓣尖微微翘起，活脱是鲜美的莲花，但它们是石质的。同是莲座，艺术处理又各不相同，有图案单纯的，有丰富变化的。然而它们的风格相同，这相同的气质大概就是唐风吧。我似乎感受到了什么。于是，我拿出钢卷尺——测绘了它们的尺寸，画下了它们的图形。这种对唐代莲花覆盆的感受，后来在敦煌壁画上又得到了验证。

　　为了更深入了解掌握唐代图案的特色，我还得到碑林博物馆的特许进入文物库内调看李家村出土的唐代金银器。这些稀世珍品虽有一千多年的"高龄"，但仍金光灿灿，宛如新作。一次只能调出一件，我看完画毕，再换出第二件。我沉浸在探宝的喜悦之中，简直被那些栩栩如生的图形陶醉了。银底金花的器皿堂皇而素雅，金器则富丽辉煌。蔓花纹样枝条柔美，每个叶片的脉筋与叶尖的曲线都与之处于同一动势之中，似随风摇摆，似水中荡漾。成对的鸳鸯有的同向静立，有的相对展翅，似欲同飞，就在那薄薄微凸的厚度中竟刻画出如此丰满、多层次的羽毛。盘底的金龟似可脱出，金熊昂首颇具动态。就在这些小小的器皿上我看

图3

到了唐代艺术的勃勃生机和高度纯熟的技巧。虽然过去我见到过这些金银器的照片，但当我面对这些珍品时才真正享受到它们内在的美。由于现代摄影技术和印刷技术的发达，许多人过分相信这类资料的真实性。其实纸面上的东西往往没有尺度、没有空间、缺乏质感、色彩亦不尽准确。所以，后来对许多艺术珍品我宁愿多花代价也要一睹真品为快。

就个人爱好而言，我更喜欢的是汉代石刻。碑林石刻艺术馆内每一件汉代石刻艺术品都具有强烈的震慑力——它们太有气势了。昆明池的石鲸，长约5米，圆形断面，中间粗两端细，呈梭形。表面除了石材纹理别无雕饰痕迹。汉代石虎昂首挺胸呈阔步行走之势，造型简洁，轮廓流畅，没有多余雕凿痕迹（图

3）。汉画像石是另一别开生面的艺术品类，其表现手法之简约超过了其他任何雕刻形式。仅仅利用毛面与光面的互衬构成图案效果，所有图形呈剪影式。画像石的题材各有不同。拙朴的农耕，欢乐的狩猎，疾劲的飞禽走兽，奔腾的水浪，飞翔的流云……所有这一切都构成了一种强烈的感染力，似青春少年的虎虎朝气，似早春万物的勃发生机，使人豁然心动、神驰天外。从汉代石刻我看到了一个开拓、建树、蓬勃的时代。每当我看到这些古拙的艺术珍品就不由得联想到与之异曲同工的许多现代雕塑。人们常说："返璞归真"，这是否也是一个规律呢？应该说艺术的发展并不像科学技术那样永远是今胜于昔的。中国的建筑艺术与雕刻艺术都从汉唐的雄浑、质朴转向了明清的华丽、繁缛。以希腊、罗马建筑与雕刻著称的西方艺术不也是到了十七、十八世纪走向了"巴洛克""洛可可"之风吗？艺术的技巧、技术手段是一回事，艺术的品位是另一回事。这就是一些具有现代审美意识的艺术家为什么要到传统艺术中去寻求灵感或借鉴的原因吧。

（此文原载《建筑师的修养》一书，中国建筑工业出版社 1992 年出版）

创作篇

　　新风格不是一朝一夕形成的，也不是由哪一位建筑"大师"一时的"灵感"创造出来的。归根结底，它是经济基础的反映。它是社会的产物，是历史的产物，是时代的产物，是人民群众创造出来的。建筑设计人员在这里应该起一个正确地反映我们经济基础，正确地反映广大人民的要求的作用。

——*梁思成*

西安阿倍仲麻吕纪念碑

图 1　阿倍仲麻吕纪念碑

图 2　阿倍仲麻吕纪念碑近景

1979 年夏，在古城西安兴庆公园内落成了一座象征着中日友好的纪念性建筑——阿倍仲麻吕纪念碑（图 1、图 2）。奈良市赠送的八重樱和吉野樱花，簇拥着洁白晶莹的汉白玉纪念碑。它与远隔重洋的日本古都奈良招提寺院中另一座阿倍仲麻吕纪念碑遥相呼应，共同记述着中日两国人民源远流长的友好关系。

阿倍仲麻吕，中国名晁衡，日本奈良人。公元 717 年（唐玄宗开元五年），作为留学生随日本遣唐使来中国，在唐朝宫廷历任左补阙、仪王友、左散骑常侍、安南都护等官职，前后共 50 余年，和当时著名诗人李白、王维等友谊甚深，公元 770 年逝于长安。因而，晁衡与鉴真同为中日文化交流使者，名垂青史。

1978 年——中日友好条约签定之年，由日方提出，经日中双方协议决定，在日本奈良和中国西安各建一座阿倍仲麻吕纪念性建筑。

规划选点及总体设计

阿倍仲麻吕在长安数十年。这里的宫廷、街坊、名胜都遍布他的足迹，可供选址的地点是很多的。最后在大明宫、大慈恩寺和兴庆宫三个唐代古迹遗址中进行了比较，选择了兴庆宫旧址。据历史记载，阿倍仲麻吕的主要活动在唐玄宗时期。他深得玄宗器重。兴庆宫是玄宗理政、起居的主要宫庭，也是阿倍仲麻吕活动的重要场所；同时，兴庆宫旧址现已建成一座环境优美、具有浓厚的民族色彩的文化休息公园。在此兴建纪念性建筑，可进而丰富公园景色又便于瞻仰，利于维护管理。

　　纪念建筑的具体位置确定在兴庆公园长庆轩、曲桥湖以南，公园干道南侧的草坪上（图3）。为了突出纪念性建筑，对南面原有的土山作了必要的改造，使

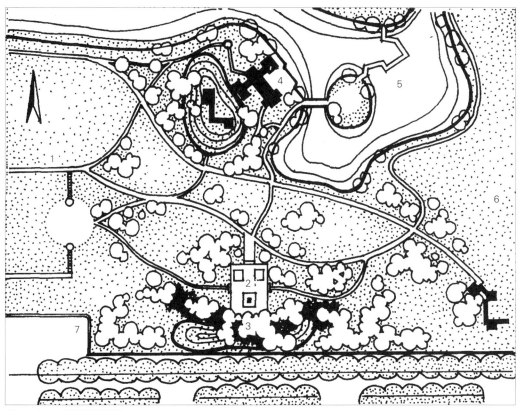

图3　纪念碑区总平面图
1.通公园大门干道　2.纪念碑　3.土山岗　4.长庆轩　5.曲桥湖　6.儿童游戏场　7.公园围墙

山形略呈环抱之势，并将纪念建筑的基地标高比四围的草坪提高 50 厘米。在作为背景的土山上遍植以松柏为主的常绿树，在纪念建筑四周栽培了象征中日友好的、花色明快的樱花及海棠等，使整个环境笼罩在亲切明朗的怀念气氛之中。

建筑形式和细部处理

纪念建筑的形式是由它所纪念的内容和它所处的建筑环境来确定的。由于该纪念建筑的特定条件，在建筑形象上，它应该区别于烈士纪念碑那种雄伟、肃穆的气氛，而趋向于更为亲切、明朗的风貌；在建筑风格上，它应该较多地体现传统特色和艺术手法；在体量上，要注意与四周园林空间环境相协调，不宜过于高大，而应溶融在园林景色之中。另一方面，由于这座纪念性建筑是与日本奈良市的纪念碑同时兴建，在规格上应与日方（图 4）大体相当。经过若干草图比较，排除了搞成纪念性建筑群的设想，也排除了碑亭、廊榭等纪念建筑的方案，而趋向于独立的纪念碑这个类型。

最后选定的方案是一个纪念柱式的石造建筑（图 5），高 5.36 米，取裁我国传统的碑顶、碑身、碑座三段划分，其造型脱胎于我国建筑史上有名的南北朝义慈惠柱（图 6）和唐代石灯幢（图 7）。这种形式的纪念性建筑多见于阿倍仲麻吕所处时代前后。在塔、幢、柱、表、牌坊等多种传统的纪念建筑中，这种纪念柱造型简洁、挺拔又颇具特色。而石灯幢在唐代传至日本后，千百年来已成为日本人民喜闻乐见的一种建筑形式。因此借鉴这种形式，推陈出新，作为中日人民友好使者的纪念碑有其特殊的意义。为了提供表达纪念主题的碑刻以足够的、完整的碑面，柱身设计成正方形。把柱身从直线收分改成传统柱子的"卷杀"做法，并在四角由下而上作了逐渐扩大的抹角处理，以使柱身造型更趋柔和优美。为了与正方形柱身相呼应，结顶采用了四角攒尖的形式，屋面则简化成光面而不做瓦垄、瓦当。更重要的是把挑檐下不利于表达具体思想内容的石屋四壁改为体现中

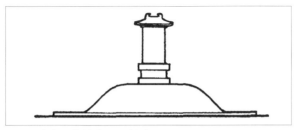

图 4　奈良阿倍仲麻吕显彰碑

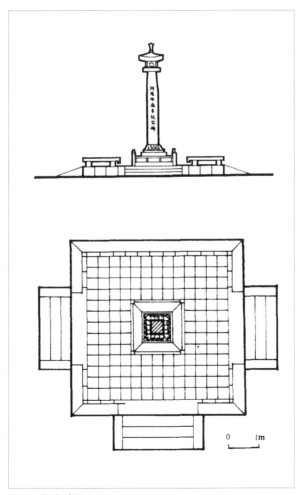

图 5　纪念碑平立面

图 6　定兴南北朝义慈惠柱

图 7　黑龙江宁安唐代石灯幢

图 8　梅花（浮雕图案）

图 9　樱花（浮雕图案）

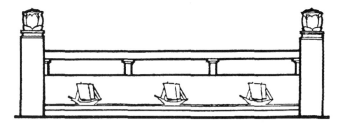

图 10　遣唐使船（浮雕图案）

日友好的浮雕花饰。在柱础外设计了一圈矮的石栏，并使纪念柱坐落在围有坐凳的方台上，从而加强了它的纪念性。

我国传统纪念性建筑较多采用建筑化的造型，借助于碑刻、浮雕等手段来表达特定的思想内容。阿倍仲麻吕纪念碑也按此传统手法处理。柱身正面是"阿倍仲麻吕纪念碑"几个苍劲的大字。背面是介绍阿倍仲麻吕事迹的魏体碑文。左右两侧则龙飞凤舞地以草体书写着阿倍仲麻吕《望乡诗》和他的挚友李白《哭晁卿诗》。纪念柱顶部四侧是体现中日友好的樱花、梅花浮雕（图8、图9）。柱础采用了有鲜明唐代风格的莲瓣雕饰，石栏板上则是日本遣唐使船的浮雕（图10）。

总之，在建筑形式和细部处理上是想尽量做到使纪念柱远望之有优美的传统造型，近观之有耐人寻味的诗人碑刻与细部雕饰。这是在现代小型纪念性建筑设计上的一次古为今用、推陈出新的尝试。

（此文发表于1990年《建筑学报》第一期）

江山胜迹在 溯源意自长
——青龙寺仿唐建筑设计札记

1982 年暮春时节，在古城西安南郊的乐游塬上落成了一组仿唐建筑——青龙寺空海纪念碑工程（图1）。在落成典礼上，工程得到中日各界人士的好评。日本建筑师山本忠司先生激动挥毫"高艺术、深友情"。青龙寺空海纪念碑工程包括纪念碑、接待厅、门房、环廊和庭院，占地 6760 平方米，建筑面积 422 平方米。工程由西安市协助建立空海纪念碑委员会主持。纪念碑单体设计由日本名建筑师山本忠司负责。总体规划设计以及其他建筑设计由中国西北建筑设计院负责。施工由西安市古建公司负责。在千年古塬上修建一组纪念性建筑，我们在设计构思和设计手法上有所斟酌、有所探求，更有一些继承和借鉴。现将设计择其要点就教于读者。

追溯渊源 历史连续

青龙寺空海纪念碑工程是为了纪念中日友好使者空海而建的。空海是日本四国香川县人，公元804年随遣唐使来中国留学，曾在唐长安青龙寺就惠果和尚学法，并潜心钻研中国的史籍、文学、书法、天文、医学等，造诣颇高。学成返日后，成为开创"东密"之大师。他依据中国的草书创造了日本的平假名文字，并开创了日本平民教育。空海是日中文化交流的先驱，其丰功伟业至今为中日两国人民

图 1 青龙寺鸟瞰图

所称道。为此，中日双方议定，空海纪念碑工程选点在青龙寺遗址范围内。

青龙寺曾经是隋唐长安的著名寺院，位于长安新昌坊东南四分之一坊内，坐落在乐游塬上，今已荡然无存。朱庆余《题青龙寺》诗"寺好因岗势，登临值夕阳"，"最邻东面静，为近楚城墙"道出了踞高塬、近城墙的环境特色。

青龙寺所在的乐游塬，早在秦汉时代已是游览胜地，到隋唐时期更与曲江池、慈恩寺等连成一体，成为长安最富吸引力的游览场所。古塬地势高爽，极目终南，俯瞰城垣，多少文人墨客在这里吟诵出千古名句。白居易的"东北何霭霭，宫阙入烟云"、"下视十二街，绿树间红尘"为我们生动地勾勒出登塬俯视唐长安的鸟瞰画图。

在古塬上、古寺遗址旁修建纪念古人的建筑，这就要求规划设计的构思一定要保持历史的连续性。在规划设计中，要贯彻保护与开发相结合的原则，保护古寺历史遗址，保持古塬的历史风貌，充分发挥环境的历史特色。据此确定了青龙寺纪念碑工程三点设计纲要：

（1）建筑的格局要考虑到乐游塬风景区开发之后这组建筑在总体上的主从地位。要从总体入手，相地立基，力求得体合宜。

（2）在环境设计和视觉设计中，再现古代诗词中所描述的登临情景，因塬就势，成景得景，引起人们的联想。

（3）考虑这组纪念性建筑所在环境及纪念的人物，建筑形式着意仿唐，力求法式严谨，古朴有据。

相地立基　得体合宜

通过规划设计，主要确定修建地点和格局两个主要问题。

为了保证纪念碑工程得体合宜，在拟定规划方案时，设计部门与文物考古部门密切配合，根据考古发掘资料对青龙寺遗址的建筑复原进行了认真探讨。在比

较之中确定了新建工程在整个寺址范围内应居"宾"位。从中国科学院考古研究
所西安工作队的考古发掘资料得知,青龙寺主院在寺址西部。该院以山门、方塔、
大殿为主轴。主院之东,为以二殿为中心的又一院落。主院的北墙即寺院北墙之
一部分。二殿东北在寺院北墙上还有一处北门遗址。经过比较,青龙寺空海纪念
碑工程选点在青龙寺址的东部,距主院140米的塬地上(图2)。之所以确定在这里,
首先因为这片地下没有建筑遗址。同时也因为这个地段居青龙寺址东端,可相对
独立以保持纪念性建筑的肃穆环境;地势高爽、视野开阔,有利于成景得景。规
划在青龙寺有遗址的院落与空海纪念碑院之间,以北门为中轴,布置了一片寺庙
园林,使其起到既分隔又联系的作用,有利于保持原寺遗址区与新建工程区各自
的气氛。当然,布置这组园林还有着内外观赏视线上的要求。比如,这片土地上
没有高大建筑,就保证了从纪念碑院内借景大雁塔的通视等。

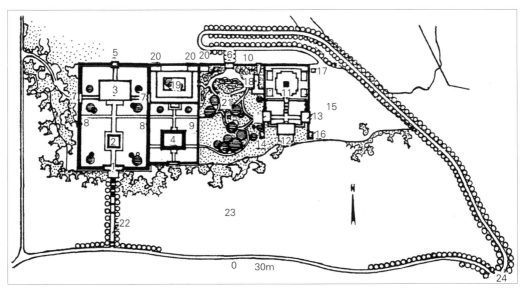

图 2　青龙寺总平面图
1.1 号遗址　2.2 号遗址　3.3 号遗址　4.4 号遗址　5. 后门遗址　6.6 号遗址　7.7 号遗址　8. 回廊遗址　9. 院墙遗址　10. 北墙遗址
11. 空海纪念碑　12. 陈列厅　13. 门　14. 厕所　15. 停车场　16. 司机休息　17. 机井　18. 管理处　19. 客舍　20. 辅助用房　21. 园林
22. 台阶道(远期)　23. 铁炉庙村　24. 西影路

图 3   空海纪念碑院鸟瞰

图 4   空海纪念碑院全景

图 5　接待厅外景

图 6　接待厅内景

青龙寺空海纪念碑工程以纪念碑为中心，配以包括接待厅、陈列室、小卖、服务间、厕所在内的七开间建筑和以回廊联结的东西两座门房，从平面上形成一个矩形院落。与青龙寺主院相比较，采取了较小的尺度。主院的东西宽 82 米，南北长 120 米。纪念碑院东西宽 58 米，南北长 73 米。青龙寺大殿夯土基东西长 50 米，南北宽 30 米。接待厅七开间通长仅 23.6 米，通进深 10.6 米。这也保证了这组建筑作为青龙寺复原重建后的配体，主次分明而不喧宾夺主（图 3～图 6）。

事实证明，对于历史风景名胜地区的新建项目，在方案阶段对其环境的探讨研究是十分必要的，看来好像把功夫下在设计本题之外，实则保证了设计扎根于环境之中，收到得体合宜的效果。

因塬就势　成景得景

青龙寺空海纪念碑院在乐游塬的一个坡地上。南部是陡峭的土坎，直下 10 米左右。土坎以上向北地势渐高，相差约 3.5 米，形成一个高地。作为此项工程主体的空海纪念碑就布置在这个高地之上。而由接待厅、东西门、回廊组成的三合院，则布置在纪念碑南侧。这样就形成了接待厅高踞土坎而低于纪念碑的竖向布局（图 7）。当从接待厅向院内观赏时，中轴线的踏步拾级而上，蓝天衬托着汉白玉的纪念碑，造成了庄严肃穆的纪念气氛（图 8）；返身步出厅堂，踞高眺望豁然开朗，大雁塔影、终南云霭尽收眼底（图 9）。从接待厅院内外，视线一俯一仰，视景一近一远，视野一收一放，形成强烈对比。造成这些效果的关键在于厅堂的布局。如《园冶》所述"凡园圃立基，定厅堂为主，先乎取景，妙在朝南"。青龙寺接待厅设计正是把握了这条要领。

由于纪念碑布置在高地上，站在碑坛之上又是踞高临下的形势。视线越过屋脊、廊顶、墙头，远借雁塔影，悠然见南山（图 10）。从平面图上看似乎是被封闭在院墙之内，而实际上借助于地形的高差，扩大了视野。像这种因山就

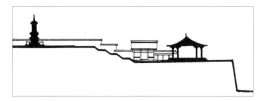

图 7 碑、厅空间关系示意

图 8 庄严肃穆的纪念气氛

势利用地形，前低后高布置院落而收到得景效果的手法，在我国传统园林建筑中被广泛运用。如扬州平山堂之所以堂与山平，颐和园排云殿前之所以会眺望到波光云影，均同出此理。

因塬就势不仅可以得景，同时也收到很好的成景效果。由于接待厅一组唐风建筑紧靠塬坎，从塬下仰望，陡坎上有堂翼然，自成一景（图11）。

从乐游塬北面，可以瞭望到位于高地上的纪念碑。春夏之际，满塬碧翠衬托着洁白的碑身，显得格外清新。

应该指出的是，为了成景得景，在建筑处理上亦有一些具体而微的处理。如院内布置台阶以烘托纪念碑之高大；采用跌落式院墙既保证院内外视线贯通，又起到强调地形变化的作用（图12）；再如接待厅尽量逼近土坎边沿以突出夸张陡峭感并丰富塬坎轮廓线（图7、图11）。

一组面积仅有422平方米的建筑群，一个简单对称的矩形总平面，由于设计中着意体现"寺好因岗势"、"下视十二街"的意图，运用传统的布局手法，收到了预期的效果。

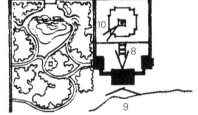

图 9　远眺南山

图 10　西望雁塔

图 11　从塬下仰望仿唐建筑群

图 12 跌落式院墙利于院内外视线贯通

着意仿唐 法式严谨

鉴于系在唐代寺院遗址之内修建纪念唐代历史人物的建筑，又加之青龙寺大殿、二殿及其院落还有复原重建的可能，从内外因素统一考虑，这组建筑采取了仿唐风格（图 13 ~ 图 15）。木构建筑的平面采用"一"形布局。这是唐代建筑的另一种典型布局形式。以七开间的接待厅为中，将东西两座三开间的门房以曲廊相连，与纪念碑呈环抱形势，加强了与主体的呼应，同时也满足了东西两侧开门的总图要求。建筑立面处理，除了采用唐代建筑一些有特色的做法（如鸱尾、直棂窗、地栿和串木、梭柱、柱身侧角和生起等）以外，在设计中着重把握唐代

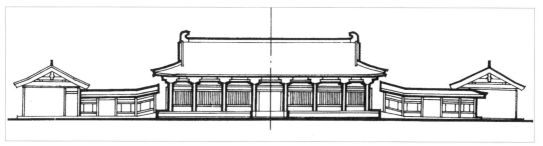

图13　南、北立面图

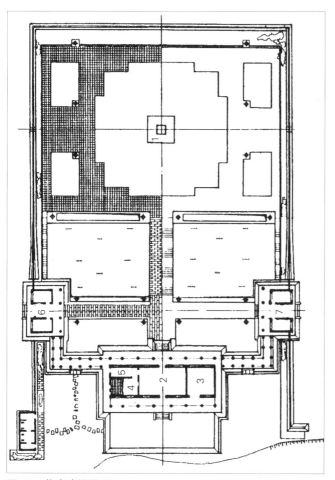

图14　仿唐建筑平面图

1. 空海纪念碑　2. 接待厅　3. 陈列室　4. 小卖　5. 服务间　6. 西门　7. 东门

图15　东、西立面图

图 16　仿唐建筑遥望千年唐塔

建筑斗栱雄大、出檐深远、装修质朴、曲线舒展的基本特征（图 16）。

　　设计的主要依据，有我国现存唐代木结构建筑山西五台山佛光寺、南禅寺两座大殿，梁思成先生以日本唐招提寺金堂为蓝本设计的扬州鉴真纪念堂，西安大雁塔门楣石刻以及敦煌壁画上丰富的唐代建筑。为了使这组建筑唐风纯正、法式严谨，在进行施工图设计时，我们选择了规模相当的南禅寺大殿为蓝本，以其材契关系为依据，推算出各种构件的规格比例，从而使这组建筑统一协调、唐风纯正。

　　建筑的风格神韵往往也体现在材料和构件上。大至鸱尾，小到勾头滴水，它们的材料选择、细部纹样、加工做法都会在细微处见精神。因此，我们专为本工程设计了铺地方砖、加工了莲瓣覆盆柱础石，仿大雁塔门楣石刻设计烧制了鸱尾，仿青龙寺遗址出土的瓦件加工了滴水瓦当。就连门窗五金也避免采用现制的工业成品。上述种种绝非好古成癖，而是因为这些构件往往处在引人注目的位置，或是近人的地方，稍有疏忽就会失之千里，心思用到则有锦上添花的效果。

从某种意义来说，一座仿唐建筑有如一件大型工艺品。它的成败得失不但取决于建筑师的规划设计，同时也有赖于工人师傅的施工操作。担负施工任务的西安市古建公司，在施工准备阶段和施工过程中组织工长和技术骨干专程赴五台山、扬州等地实地考察。这对于在青龙寺工程中恰如其分地表达唐代风格起了很好的作用。

乐游塬上的这第一组仿唐建筑满足了中日文化交流活动的需要，体现了保持古都历史风貌的意图，装点了千年古塬。然而，限于时间和水平，在设计上还多有不周之处。对今后乐游塬上将要陆续修建的仿唐建筑而言，只不过是抛砖引玉而已。

在设计准备阶段承清华大学莫宗江教授和建研院建筑历史研究室傅熹年工程师二位古建专家热情指导；在总体规划阶段承中国科学院考古研究所马得志研究员提供有关青龙寺发掘资料，在此一并致谢。

（此文发表于 1983 年《建筑学报》第 5 期）

理解环境 保护环境 创造环境
——"三唐"工程创作札记之一

在西安大雁塔唐城风景旅游区内，由中日合作建造和经营的唐华宾馆、唐歌舞餐厅及唐艺术陈列馆（简称"三唐"工程）已于 1986 年 5 月动工兴建。工程选址在国家重点文物保护单位唐大雁塔近旁，制约条件十分严格。工程设计方案是在中日双方建筑师竞争之后被选中认可的。由中日工程技术人员合作设计。中国建筑西北设计院承担建筑、结构、总体设计。日本国三井不动产株式社承担单体水、暖、电及内部装修设计。下面略谈几点在方案创作中的主要问题和想法。

科学的前期工作是方案创作的坚实基础

大雁塔位于西安南郊。原系唐代慈恩寺主持僧玄奘为保存由印度带回的佛经而兴建。现唐寺已毁，唯千年古塔巍然屹立，成为古城西安的标志，是中外旅客必游之地。西安市总体规划确定 21 世纪内在这里建成一个与历史渊源一脉相承的风景游览地，与秦始皇陵、明西安府城一起，成为古都西安的三大旅游区。

在重要的文物名胜周围进行旅游开发，是一项十分艰巨复杂的任务。能不能建、建什么、怎样建，都应慎之又慎。从 1980 年起，西安的规划、文物、园林、旅游等部门分别进行了规划和可行性研究。1984 年底，我们在市文物园林局主持制定的大雁塔唐城风景旅游区规划的基础上，汇总各方意见提出的"三唐"工程总图及单体设计方案得以顺利通过。这是由于各专业的前期合作为方案创作提供了坚实基础。它从不同角度为创作明确了前提条件，同时也解答了不少质疑。比如：原来担心在大雁塔近旁建房，会喧宾夺主。通过对唐慈恩寺历史的研究，人们了解到慈恩寺原有 10 院近 2000 间房厦。特别当了解到一个发掘出的殿堂遗址，其规模相当于塔前现有正殿的四倍时，这种顾虑也就自然打消了；据考证，盛唐时慈恩寺不仅香火旺盛、佛事频繁，而且有幽静的客舍、繁华的集市。慈恩寺的戏和素餐也驰名长安。这就为现在开发的旅游项目提供了历史依据。

我们参与了前期工作的全过程，在此基础上明确了设计的指导思想。从基地的优越性、特殊性出发，决定必须强调在设计中兼顾经济效益、社会效益和环境效益。首先建筑的形式风格应与古塔相协调，在高度和色彩方面都不宜喧宾夺主，而应起陪衬烘托的作用。新建工程与大雁塔共同形成的环境应具有历史风貌，发人联想。务使本工程不仅无损于大雁塔的环境保护，而且要成为唐城风景旅游区的重要组成，为旅游区增色；大雁塔曲江一带，自古就是群众性的游览胜地。在这里兴建旅游设施就必须处理好高档与大众化的关系，以取得较好的社会效益；旅游设施的基本功能是要高效能地为旅客提供方便、舒适的生活休息条件。因此，设计中务求使传统风格与现代化的功能设施有机地结合起来。

基于以上的指导思想，本工程力求设计为既有较明确的唐风，又具有现代化内部设施的庭园化建筑群体。

深入理解环境条件是建筑空间布局的前提

"三唐"工程场地西距大雁塔 88 米。用地中部距塔 308 米处有唐慈恩寺东界墙遗迹。文物部门以此为界，其西为文物保护环境协调区，其东为环境影响区。国务院对西安市总体规划的批复中指出："古建筑、古建筑遗址周围地区内，建筑物体量、高度、造型、风格必须与之相协调。"在设计前，我们将影响建筑空间布局的环境条件分解为保护范围、控制高度、功能关系、建筑风格、构图中心、布局手法、园林绿化和俯视效果等八个主要因素，进行了空间布局的多方案比较。在以上八个因素之中，保护范围和控制高度是绝对的，属于法规性要求；功能关系和建筑风格是指令性的，属于建筑单位和管理部门的意图；其他四项则有很大的选择余地。

根据环境条件的要求，结合三个项目不同特点进行总体布局：将向中外游人全面开放的唐艺术陈列馆布置在场地西部，在大雁塔游览环路近旁，距塔 98 米。

唐歌舞餐厅布置在陈列馆东南。其大众化快餐和唐餐厅入口朝西，面对游览环路。高档的歌舞餐厅入口则沿风景区东西向干道单独朝南设置。以上两组建筑均布置在大雁塔文物保护环境协调区之内。唐华宾馆客房302套。由于其规模较大，有一定的客运与货运，无论从环境保护还是功能关系着眼，均不宜设在大雁塔近旁。所以将它布置在慈恩寺东界遗址以外的环境影响区之内。

考虑到以大雁塔为空间构图中心，并与现有寺庙协调，近邻大雁塔的陈列馆采用规整的三重四合院布局。其纵轴线与慈恩寺纵轴平行。其主要庭院与大雁塔同在一条东西横轴线上。距离稍远的歌舞餐厅也有明确的中轴线与慈恩寺平行，但其建筑布局东西并不对称。布置在环境协调区以外的宾馆则有更大的灵活性而完全园林化。客房单元及庭院空间的布置注意与大雁塔保持视线联系。五个客房单元中，四个单元均有客房能欣赏大雁塔的侧影，从而加强了构图中心的印象。

按照保护范围的要求对建筑高度严加控制。大雁塔近处的陈列馆和歌舞餐厅为一层平房。稍远的宾馆则以二层为主，局部三四层，低平的建筑轮廓与挺拔的塔影形成强烈对比，从而起到陪衬烘托的作用。

在建筑形式上，三组建筑依与大雁塔的不同距离，其体现唐风的做法也由近而远递次简化。陈列馆采取仿古从而唐风浓郁，宾馆则结合现代功能与结构，唐风逐渐淡化。

登临大雁塔俯视曲江，这组建筑和庭园尽收眼底。因此设计中格外注意屋顶的俯视效果。三组建筑大部采用灰瓦坡顶，距塔较远的宾馆有适量平屋顶。

为了满足风景区园林化的要求，建筑布局与绿化布局统一考虑。建筑群与绿地错落相间。陈列馆与歌舞餐厅平面位置东西错间，共对一片公共绿地，这里将成为游人出入慈恩寺前后的盘旋游息场所。三组建筑之间有唐慈恩寺部分遗址。我们结合遗址的保护与展示，将这里设计为一座遗址花园。每组建筑均设有内庭园，使环境绿化掩映着建筑，建筑群里又渗透着绿化，交相辉映，融

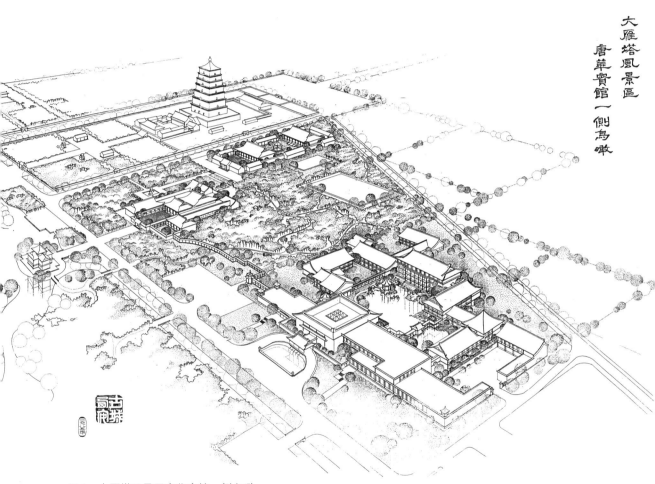

图1　大雁塔风景区唐华宾馆一侧鸟瞰

为一体。

　　从文物保护及风景旅游两方面考虑，均不宜在基地上设置有碍观瞻的构筑物。因此，锅炉房选点在基地以北400米的位置，并与邻近单位共用烟囱。

　　我们体会到，只有深入理解环境条件和要求，由外而内地控制，由内而外地结合，以取得适当的空间布局效果，才能保护环境、创造环境。

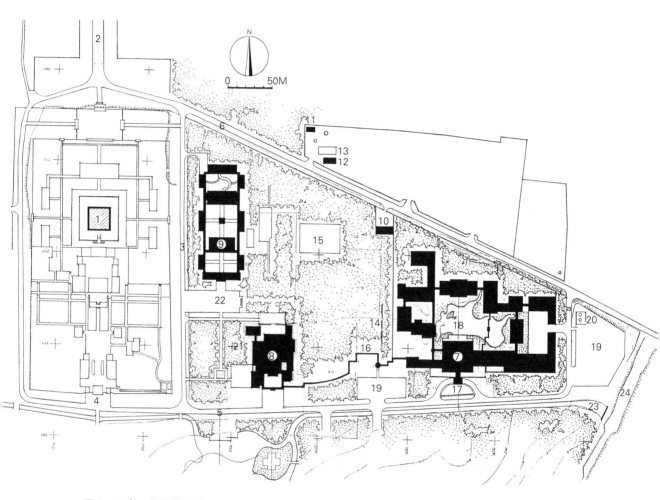

图 2　三唐工程总平面图

1. 大雁塔　2. 雁塔路　3. 现有环路　4. 慈恩寺大门　5. 旅游风景区干道　6. 雁引路　7. 唐华宾馆　8. 唐歌舞餐厅
9. 唐艺术博物馆　10. 变配电站　11. 液化气站　12. 水泵房　13. 贮水池　14. 唐慈恩寺东围墙遗址　15. 遗址花园
16. 长廊　17. 南池　18. 山池　19. 停车场　20. 垃圾箱　21. 露天快餐场地　22. 小广场　23. 泄洪沟　24. 防洪堤

传统形式与现代功能的有机结合是设计构思的焦点

　　为了使每组建筑既符合现代化功能所要求的集中、紧凑、高效能，同时又具有传统庭园式建筑的特色，我们在两者的结合上运用了以下一些设计手法：

　　首先布局时在考虑功能分区的基础上化整为零与庭园结合，为传统造型处理提供有利的体型和空间。在设计宾馆时，将功能较复杂、技术设施较多的公共活动部分相对集中设置在南部，采用大柱网框架结构；辅助用房技术设施较多，也用大柱网框架结构置于东部；将功能比较单纯、设施便于统一而建筑量最大的客房部分化整为零，分成高低、体型各不相同的五栋小楼，采用砖混结构。结合基地南北 2 米的高差，按照园林布局方式错落布置，再连以单层、二层、封闭、开

图 3　三唐工程模型鸟瞰

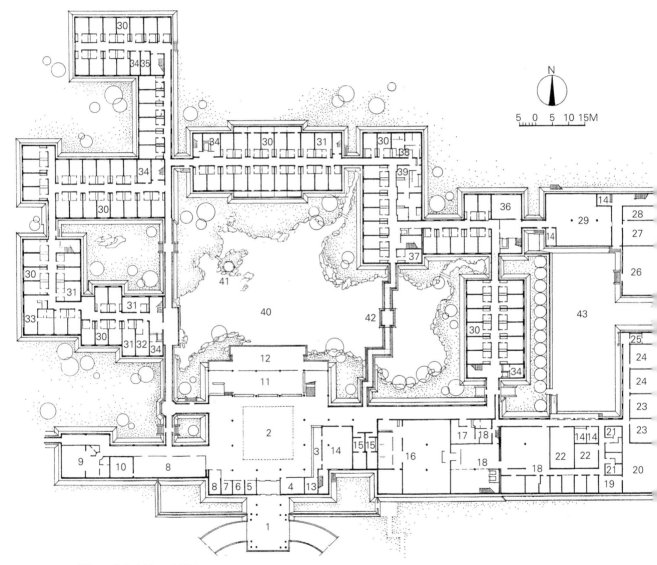

图 4　唐华宾馆一层平面

1.门廊　2.大厅　3.总服务台　4.行李房　5.衣帽间　6.邮电　7.银行　8.商店　9.迪斯科舞厅　10.库房　11.茶室　12.平台
13.电话广播机房　14.办公　15.厕所　16.中餐厅　17.和风餐厅　18.厨房　19.职工厨房　20.职工食堂　21.职工浴厕
22.库房　23.职工更衣　24.职工宿舍　25.门房　26.空调机房　27.维修间　28.器材库　29.洗衣机房　30.双床间客房
31.三床间客房　32.伤残人客房　33.三套间客房　34.服务间　35.备餐间　36.服务中心　37.分区空调机房　38.女浴室
39.男浴室　40.山池　41.岛亭　42.水廊水榭　43.后院

敞等各不相同的廊子，构成了景观各不相同的庭园。在这里运用了中国园林建筑中自由布局、不对称中有对称、虚实对比、尺度对比、动态空间、借景等传统手法。这样布局的结果，可以使两万多平方米的宾馆在风景区内不像庞然大物，而成为一组尺度适宜的园林建筑。这种布局不但功能形式有机结合，而且结构简单，有利于降低造价，便于施工。

其次，在建筑造型上注意控制尺度，以小屏大。歌舞餐厅由其功能决定了体量较大，而且距大雁塔又较近，因而使其具有传统的体型和适宜的尺度尤为重要。设计采取了两个措施：一是将歌舞餐厅及其休息厅的屋面设计成传统的"勾连搭"形式，将 27 米的进深一分为二，做成两个坡顶，大大减小屋顶的高度和体量；二是在歌舞餐厅两侧各作部分平顶，将中部主体的坡顶与两侧的坡顶脱开，使屋顶轮廓像一群建筑的组合。在建筑造型上宾馆、歌舞餐厅都运用了以小屏大的手法，以尺度相宜的小体量建筑布置在大体量建筑外围，使游人不能直接看到其全部，以此来解决尺度问题。

第三，在建筑外装修的处理上突出重点。重点部位唐风浓郁，一般部位略加点染。依距大雁塔之远近有一个唐风浓淡的变化。在每组建筑中同样有主次。如唐华宾馆从入口大厅经过内庭至四层客房楼这一主轴线上的建筑就采取了重点处理。入口门廊设计成典型的唐风敞轩。结合地形的高差在门廊前设计了一个传统风格的喷水池。门廊两侧衬以传统形式的院墙，使整个入口成为唐风浓郁的点题一景。沿主轴线建筑的檐下都作了一跳斗栱。中部庭院则采取传统风格的山池院，从而使中部的景观得以突出。而其他部分只是采用坡度平缓、出檐深远的唐风瓦屋面和唐风的墙窗划分方式，力求简化而顺其自然。

第四，着眼于控制传统建筑色调，尽可能选用现代的建筑材料。屋面采用机制灰筒瓦和板瓦。墙面用乳白色面砖，仿木的部位用茶色锦砖。台基用青石。外门窗为茶色铝合金门窗及茶色玻璃，使整群建筑统一在灰色、白色、茶色的基调之中，这正是唐代比较典雅的外装修色彩。当然，三组之间在用料上也有一些差别。

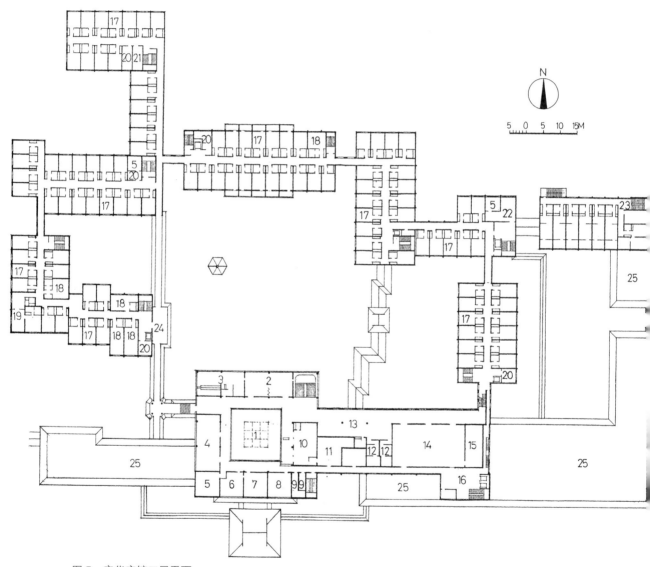

图 5　唐华宾馆二层平面

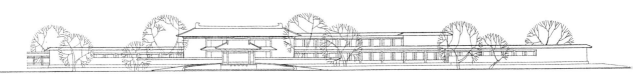

唐华宾馆南立面

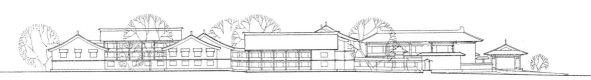

唐华宾馆西立面

唐华宾馆中轴剖面

图 6　唐华宾馆立面、剖面

比如陈列馆、歌舞餐厅距现有古建筑群较近，为取得新老建筑材质上的协调，拟在外墙面上用涂料代替面砖与锦砖。尤其是陈列馆的门窗，亦从铝合金改用木制。

　　第五，传统适当淡化的室内装修。室内设计由日本设计事务所的森一朗先生承担。室内设计师与建筑师密切合作，共同研讨设计思想与方案，都认为在宾馆中旅客的方便舒适是第一位的，传统风格的强调程度可以亚于室外环境，建筑装修上有较淡化的处理即可。中国的传统风味应更多地通过陈设品体现出来。但唐歌舞餐厅则因是欣赏唐代乐舞的文化休息场所，其室内装修应有较浓的唐风。

　　"三唐"工程是在古建筑周围进行建筑创作的一次实践。由于环境条件有其特殊性，在建筑创作中既要深入地理解环境的要求，又要在保护环境的前提下，

唐歌舞餐厅剖面

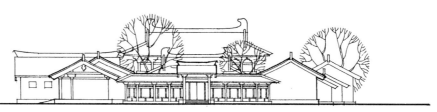

唐歌舞餐厅南立面

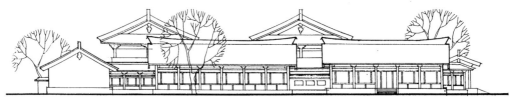

唐歌舞餐厅西立面

图 7　唐歌舞餐厅剖面、立面

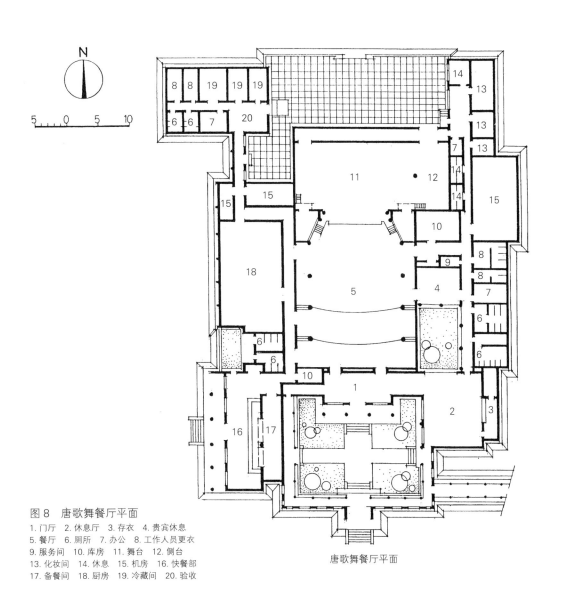

图 8　唐歌舞餐厅平面

1. 门厅　2. 休息厅　3. 存衣　4. 贵宾休息
5. 餐厅　6. 厕所　7. 办公　8. 工作人员更衣
9. 服务间　10. 库房　11. 舞台　12. 侧台
13. 化妆间　14. 休息　15. 机房　16. 快餐部
17. 备餐间　18. 厨房　19. 冷藏间　20. 验收

唐歌舞餐厅平面

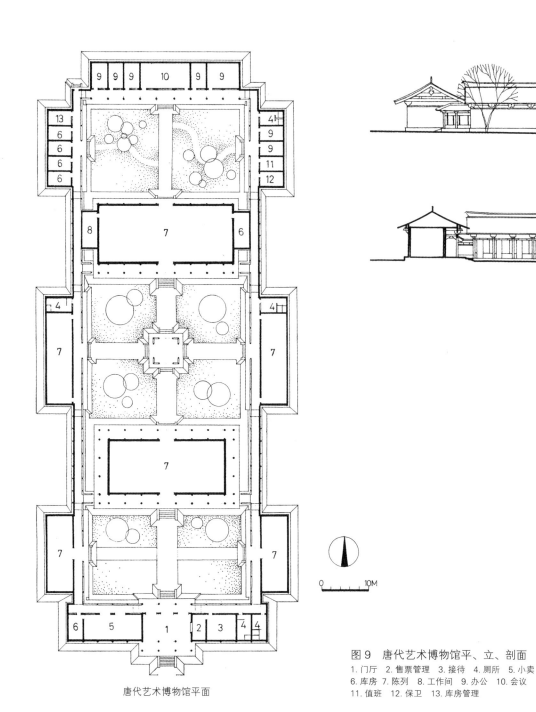

唐代艺术博物馆平面

图 9　唐代艺术博物馆平、立、剖面
1. 门厅　2. 售票管理　3. 接待　4. 厕所　5. 小卖
6. 库房　7. 陈列　8. 工作间　9. 办公　10. 会议
11. 值班　12. 保卫　13. 库房管理

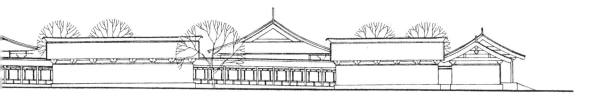

唐代艺术博物馆西立面

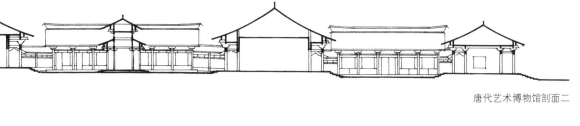

唐代艺术博物馆剖面二

唐代艺术博物馆南立面　　　唐代艺术博物馆剖面一

创造新的环境，使之成为文脉相承又各具风采的有机整体。这里所谈的都是设计实践中一些想法和做法，无意追求或创造某种新旧协调的模式。因为，我们认为，在文物古建周围进行建筑创作，同在其他的地段一样需要创新，而创新的途径则需要多方位、多元化的探索。只不过在珍贵的文物古迹、历史名胜面前，须要表现得更持重、更谦虚罢了。

（此文发表于 1987 年第 9 期《建筑学报》）

传统空间意识之今用
——"三唐"工程创作札记之二

　　位于西安大雁塔东侧的"三唐"工程在建筑创作中运用了我国传统的空间理论，同时，以现代建筑四维空间理论为参照，在实践中加以结合，造成以雁塔高耸、"三唐"奔趋，雁塔刚健、唐华幽深为特色的刚柔相济、虚实相生的格局；又借景古塔、以景寓情，把塔影组织在各组建筑的主景之中，形成意境，从而使这组时差一千多年的建筑群显得和谐统一而又气韵生动。"三唐"工程是沿着继承发扬、探索前进的现代中国建筑创作之路而进行的一次试验。本文就学习运用传统空间意识处理宾主、虚实、相反相成和意境几个问题，谈一点心得体会。

雁塔高耸"三唐"奔趋

　　中国画论有"凡画山水，先立宾主"之说。《园冶》亦有"凡园圃立基，定厅堂为主"之语。我国许多优秀古典园林遗产，大如皇家宫苑，小至私家宅园，无一不是宾主分明、脉络清晰的布局。"先立宾主"是传统空间布局的基本章法，也是建筑创作构思的出发点和归宿。

图1　"三唐"景区空间应有的形态和动势

　　千年唐塔是大雁塔风景旅游区的主景。"三唐"位于大雁塔东侧，空间布局的主宾关系是不言而喻的。古塔为主，"三唐"是宾。其宾主空间态势的设计构思颇得王维《山水诀》之启发，他说："主峰最是高耸，客山须是奔趋"。奔者动也，趋者向也。这"奔趋"二字点明了"三唐"这一景区空间应有的形态和动势（图1~图4）。

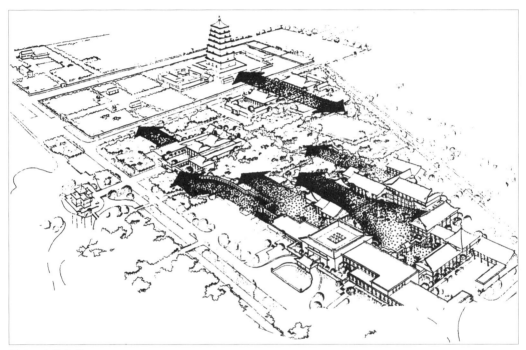

图 2　奔趋之势

图 3　唐华宾馆内庭与大雁塔

"奔趋"的空间态势，首先要在群体的平面布局、建筑体形及它们之间的空间组合中体现出来。大雁塔东侧隔路相邻的唐艺术博物馆设计成三进四合院，其纵轴线与慈恩寺之纵轴线平行，而主要庭院则与大雁塔同在一东西中轴线上。整个平面布置极尽"恭谨顺承"之能事，有如慈恩寺向东之延续。唐歌舞餐厅由于其功能之故具有较大之建筑体量。为了避免喧宾夺主，在设计上采取了两个措施。一是将歌舞餐厅大空间的屋顶分段处理。前后二段各做坡顶，中段做成平顶。化整为零，大大减小建筑的高度与体量。二是在歌舞餐厅两侧各做部分平顶将辅助部分的坡顶与主体隔开，以小屏大，使之尺度相宜（图5、图6）。唐华宾馆则更是大刀阔斧化整为零，把两万多平方米的建筑分解为八个体部，而且避实就虚设计成一组尺度相宜的园林化建筑，并使之东高西低、东实西虚、东直西曲，以加强对西边雁塔的"奔趋"之势。

图4　唐华宾馆入口

由此可见先定宾主是第一层含义，根据主体之高耸、确定宾体之"奔趋"态势是第二层含义。然而同是宾体，同在"奔趋"的态势之中，还应按其不同位置、不同体量而采取不同的空间和实体形态。有的恭谨顺从，有的顾盼呼应，而有的还可以欢跃罗列。这就是第三层含义。宾体对主体掩映烘托，如彩云托月，如群峰朝揖，如祖孙父子然。这里蕴含着中国传统艺术中所特有的一种审美观念。

图 5　唐歌舞餐厅抱厦居前尺寸与小院相宜

图 6　唐歌舞餐厅屋顶分段处理

避实就虚 虚实相生

老子说："凿户牖以为室，当其无，有室之用。"有室之用是由于室中之"无"。"无"就是空间。而"无"在老子即是"道"，即是生命的节奏。中国画论很强调"虚实相生"。书法亦讲究"计白当黑"，认为空白适当与间架结构有着同等的艺术价值。中国建筑与园林历来就是"计虚当实"。不但通过对建筑物的位置、体量、形态的经营，有意识地去创造一个与实体相生的外部空间，而且实中虚、虚中实、内外交融，从而构成了在世界上独树一帜的中国建筑与园林的艺术特征。"三唐"创作中从总体到单体、从宏观到微观都注重"虚实相生"的运用。

首先在总体布局上追求"虚实相生"。慈恩寺格局规整严谨。寺院建筑越接近雁塔密度越大，最后高耸敦实的古塔拔地而起达到高潮。这是突出实体的章法。"三唐"景区则避实就虚，将三组建筑分散布置在用地的三个角上，而在中心安排了以大面积绿化为主的遗址公园（现名"曲江春晓"），从而造成以虚为主的格局。在宏观上形成了一实一虚、一密一疏、一封闭一开敞的空间特色（图7）。

与总体布局避实就虚呼应，三组建筑则是实中求虚，在设计中认真推敲建筑形体与室外空间形态的共生关系。如唐华宾馆山池院采用一对矩形偶合连环的平面形状，周围建筑错落布置，建筑单元交接处多作进退凹凸的处理。游人置身院中始终只能看到庭院空间的局部。随着视点的转移，庭院空间呈现出多层次的变化，展现出不同的景观，空间流动，景界扩大（图8～图17）。这里运用了"景愈藏，景界越大"的手法。山池院周围一些小庭院也平面错落，有的敞向雁塔，有的朝着山池院，有的则四周封闭。它们避免呆板而力求变化，造成丰富的空间，与呈流动形态的山池院主空间呼应衬托。唐华宾馆山池院空间不仅在平面上呈流动感，同时还随着游人视点高下起伏，空间形态还呈现竖向的变化。如从一层看山池院是封闭空间，由于周围建筑东高西低，在东侧二

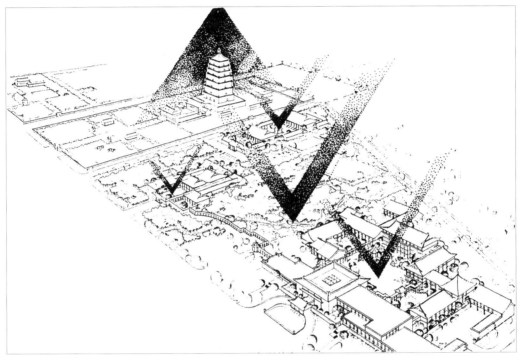

图 7　空间特色

层以上的客房向西瞭望，整个山池院空间则呈朝向雁塔半开敞的状态。西边客房小院有相似的效果。从一层看是幽静封闭的空间，到二层东望则山池院的波光云影尽收眼底。这也是传统空间处理手法在现代建筑中的一次试用。此外，在山池院中布置了浮廊、小亭，它们是院中的实体，但本身又是空透的建筑（图14、图16）。这种虚中实、实中虚的安排对丰富空间，变化和创造景观起到画龙点睛的作用。

　　运用"虚实相生"组织空间、创造空间，不仅在大格调上丰富了空间美感，同时在建筑与建筑之间、建筑与庭院之间、庭院与庭院之间互相渗透、彼此交融，丰富了空间层次，加大了空间景深，为成景得景创造了极为有利的条件。如果再

图 8　唐华宾馆具有动势的水面与建筑空间

图 9　唐华宾馆公共活动用房面对山池流泉

图 11　公共活动部分外围空间

图 10　唐华宾馆用朴拙的南山石点景　　　图 12　浮廊与公共活动部分相接处

图 13　从宴会厅外走道看主庭院

图 14　从客房楼向主庭院东南部看

图 15　从西边暖廊屋顶看水院

图 16　浮廊

图 17　从浮廊看主庭院西北角

加上不同路线上的俯仰顾盼与春夏秋冬、风雨阴晴之变化，这"虚实相生"的空间艺术经过引申与扩展又平添了时间艺术的表现力。它怎能不使人联想到"无"即是生命的节奏?

多样统一　相反相成

　　"相反相成"和"虚实相生"一样都始于中国传统的宇宙观。从"太极生两仪"开始就是讲对立的统一。《园冶》中说："园地惟山林最胜，有高有凹，有曲有深，有峻有悬，有平有坦，自成天然之趣，不烦人事之功。"许多画论中提到要"既追险绝，复归平正"。这反映了强调多样性、反对平淡无奇、反对景物雷同，但又要多样而不失统一，对比而不失协调，动势而不失均衡。强调把多样化的景物使其相反相成，统一于完整的构图之中，这里又蕴含着我国传统艺术的一种审美观念。

"三唐"创作运用了相反相成的规律。唐华宾馆内庭园以水为主景不是偶然的。雁塔刚健颇得山意，唐华幽深欲含水情。在个性上刚柔相济，在空间上虚实相生。其构思立意有一番中国的传统哲理。正是由于这强烈的差异、对比和动势，才能使得这一组时差一千多年的建筑群显得构图丰富、气韵生动，给人以深刻的印象。

在大雁塔和唐华宾馆这两座强烈对比又互为两仪的建筑之间，唐艺术博物馆和歌舞餐厅被安排为担当矛盾转化的角色。前者平面结构严谨，如慈恩寺之延伸；后者在严谨中富有变化，并以曲廊与唐华宾馆相连接。它们各自成为对比双方的配体，颇得承接转换之妙用。正是由于对立双方从相反的方向向相同的方向转化和过渡，才能取得统一协调的效果（图18）。

造成多样统一的另一个重要原因，是"三唐"众多的建筑所用的材料、色彩、风格都很一致。这就有了统调，因而能达到多样统一的境界。从博物馆、经歌舞餐厅到宾馆在建筑设计中还有着一些严格控制的规律性变化。如平面构图由规则到灵活，建筑高度由一层到三、四层，建筑风格从仿古到简化（也就是唐风由浓到淡），这些因素也都起到了控制多样变化、保持井然有序的作用（图20）。

总之，"三唐"创作在古今之间不是简单地采用"协调"或是"对比"，而是承继我国传统艺术的美学意识，在对比中求协调，在统一中求变化，走"相反相成"之路。

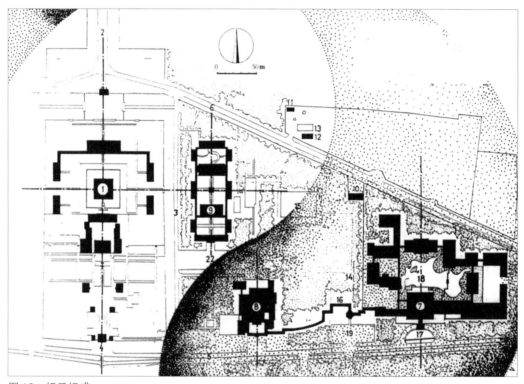

图 18　相反相成

1. 大雁塔　2. 雁塔路　3. 现有环路　4. 慈恩寺大门　5. 旅游风景区干道　6. 雁引路　7. 唐华宾馆　8. 唐歌舞餐厅　9. 唐艺术博物馆
10. 变配电站　11. 液化气站　12. 水泵房　13. 贮水池　14. 唐慈恩寺东园墙贵址　15. 遗址花园　16. 长廊　17. 南池　18. 山池

借景古塔　以景寓情

"三唐"工程百景纷陈。在景观设计中主要突出两点：一是借景雁塔，通过对景、框景、远借、邻借，使每组建筑都把雁塔组织到各自的主景之中；二是组织动态景观序列，把握起景、结景和主景，使每组建筑形成各自不同的意境。

唐歌舞餐厅在景观设计上主要是安排好从曲廊经庭院到大厅这一动态序列。从唐华宾馆到歌舞餐厅其间百余米，设计了一条蜿蜒在绿化中的曲廊。它

图 19　唐华宾馆大堂一角可见现代框架表现传统构架

图 20　一泓池水、仿唐敞轩与遥借的雁塔构成起景

始而骤折，时而停顿，继而骤折，又转而舒缓，造成抑扬顿错的节奏和旋律，预示着某种乐感。经过安静的小庭院（图5），进入高敞的歌舞餐厅，外狭而内敞的空间转换更加强了节奏和戏剧性，对在此演出的唐风歌舞起到了烘托作用。乐宴结束，从小院曲廊返回，无疑又是与从梦境到现实的情绪过渡相适应的空间过渡。

唐华宾馆的景观设计，意在使千里跋涉的游客在此充分领略到宾至如归的感受。主调应是朴素明朗、宁静深远。动态景观序列按游客住进旅馆的流程组织，由动到静，到安静，到宁静，进而极目骋思、意境升华。序列从唐华宾馆入口开始。一泓池水、仿唐敞轩与遥借的雁塔构成起景（图20）。这一起从动到静给人留下深刻的第一印象；进入大堂，是由方形"跑马廊"组成的多层次围合空间（图21），透过迎面落地大玻璃窗映入庭园的波光绿影。安静与舒适感使游人心情再静一层（图22、图23）。宽阔的内庭园是唐华宾馆的主景，也是动态景观序列的高潮。清澈的池水、朴拙的终南石，流泉飞瀑，水声潺潺。游人漫步其间遥见塔影，浮想联翩，达到"欲辩已忘言"的境界。通过窗景如画的走廊（图24），进入富有私密性的客房，当客人透过窗帷再次领略到古塔的风采时，幽思遐想余味无穷（图25、图26）。这是一个意味深长的尾声。远借的塔影在视景中反复出现，犹如优美的主旋律在乐曲中悠然回荡。

在唐代艺术博物馆这组建筑中追求的是隽永的历史感（图27～图29）。第二进院落是全馆景观序列的高潮。这里距大雁塔最近，通过经营院落的空间尺度和亭廊安排，组织了以廊为近景、亭为中景、仰借雁塔的优美立体画面。当游人欣赏盛唐艺术珍品之余举首仰望，塔势如涌似丰碑耸立，不禁精神为之振奋，豪迈的历史感油然而生。

以景寓情要把握两点：一是"意在笔先"。先构思再画图，画图过程中再完善构思。清代王原祁说："意在笔先，为画中要诀。""若无定见……逐块堆砌，扭捏满幅，意味索然，便成俗笔。"可见有无立意或立意之高下实在

图 21　唐华宾馆大堂内景

图 22　安静舒适的大堂

图 23　透过迎面落地大玻璃窗映入庭园的波光绿影

图 24　窗景如画的走廊

图 25　在富有私密性的客房中再次领略到古塔的
风采

图 26　凭窗西眺远塔近园尽收眼底

图 27　博物馆第一进院落

是雅与俗的分水岭。一些建筑"味不够、山水凑"其弊病就在于此。二是景观
与意境的统一。我国山水画和园林历来要求"可望、可行、可游、可居"。对
于当今的建筑创作来说，尤其要立足于生活。"可居"、"可行"而后"可游"、
"可望"。故在景观序列的安排上要跟着功能走，跟着游人的需要走。组景随宜、
巧于因借。景观从形式美引起快感的谓之"画境"。只有当景观能使人触景生
情的才升华到"意境"的层次。因而景观与意境的统一才是建筑艺术创作的最
高标准。

我国传统建筑所表现的空间意识至今生命力犹存。它与西方古典建筑由几何、
三角所构成的透视学空间大相径庭，而与现代建筑包含了时间因素的四度空间有

图28 唐代艺术博物馆第二进院落

图 29　博物馆展厅内景

更多相通之处。但是按照传统空间意识所塑造的由阴阳、明暗、虚实、起伏所构成的节奏化空间在意境创造上更富有哲理性和人情味。传统建筑文化中空间意识是精髓所在。古人把这个层次谓之"神"，而单体建筑的形制、法式、形式只是属于"形"的较低层次。只有取其"形"而又得其"神"才被认为是上品。实践表明：在建筑创作中传统审美意识与现代审美意识的结合，"空间"是一个重要的领域。不论对现代的还是对传统的都需要我们更深入本质的研究和更为灵活的运用，需要积累，需要创造，需要更多的建设意识和肯定意识。"三唐"创作从某种意义上说，是对传统空间理论学习、实践的一次试验。

（此文发表于 1989 年香港《建筑与城市》4 ～ 5 期）

法门寺博物馆珍宝阁设计

位于西安市以西 100 公里的扶风法门寺始建于东汉明帝永平年间。因保存有释迦牟尼的佛指舍利，成了著名的佛教圣地。唐朝皇帝从这里六迎佛骨至宫中，并在这里举行过许多重大的佛事活动。一千多年来，随着历史演变、佛教兴衰以及自然灾害等原因，法门寺屡遭毁坏，又屡次修复。1987 年 4 月在修复倒塌的法门寺真身宝塔清理塔基时，发现了塔下地宫，出土了世所罕见的佛指舍利和大量唐代宫廷进奉的金银器皿、铜、瓷、琉璃、玉、石、木器和丝绸等珍贵文物。为了妥善保存并向国内外展示佛指舍利及珍宝，在法门寺西院新建博物馆。我和同事们荣幸地承担了有关规划和设计任务。

现今的法门寺是一座拥有山门、铜佛殿、真身宝塔、大雄宝殿等建筑的佛教寺院，仍然保持着宝塔在前、大殿在后的早期唐代寺庙格局。历史上法门寺有中、东、西三院。现今的法门寺仅占其中的中院。东西两院均为简易房屋和空旷场地。按照规划，寺庙东院有待重建。博物馆建在法门寺西院。这个地址选择是十分恰当的。从总体布局上保持了一主二从的传统格局，因寺就势、因地制宜、寺馆融

图 1　法门寺区规划模型鸟瞰

图 2　一期工程完成后的法门寺

为一体，继承了我国古典建筑布局的优秀传统。况且，珍宝展出的地点距文物出土的地宫只有数十米之遥，不仅在管理上有诸多方便，在观览者的心理上也会增加更多实地的亲切的感受。

　　法门寺博物馆是一组现代建筑。由于环境的要求，建筑外观取传统形式，内部则根据文物保护和陈列的要求采用了现代化的设施。博物馆同寺院一样，也采用院落式格局，分前、中、后院。为了突出法门寺山门，博物馆大门的高度、体量小于山门、方位朝东。前院正西端是多功能厅。其中考虑接待、报告、声相等功能要求，并采用活动隔断，可灵活分隔；中院布置博物馆的主体建筑珍宝阁，是保存和展出珍宝之所在；后院有辅助设施和警卫管理。全馆建筑青砖灰瓦、不

图 3　博物馆前院

图 4　法门寺珍宝阁正面全景

施彩绘，除主体珍宝阁外均为简朴的二坡悬山形式。

应该说，博物馆的规划选点和内部安排都是在文博、宗教、旅游等有关方面的人士共同配合之下完成的，特别在整体的设计意图上是一个集体创作。在这里我想将博物馆的主体建筑珍宝阁设计方案的要点简述于下：

一、珍宝阁既是一座功能性很强的小型博物馆建筑，又是一座建筑艺术要求很高的景观建筑。为了与整个寺庙建筑群协调，并体现所收藏展示的是唐代法门寺出土珍宝，在选择建筑造型时设计成一座唐风重台楼阁。在中国传统建筑中，比较引人入胜、富于观赏性质的建筑物要算亭、台、楼、阁。楼阁可以其富有个性特色的形体有效地丰富建筑群体。在我国传统建筑中，楼阁虽然往往层数多又华丽，但在整体建筑群中却常常处在次要的地位，正中央的主位则为殿堂所占据。因而，博物馆内珍宝阁是当仁不让的主体，在整个寺区建筑群中它又不喧宾夺主，而居于偏位。

二、兴建楼阁在唐代几乎形成一种风气，皇宫、寺院、宅第内都屡见不鲜。西都太极宫有凌烟阁、凝香阁、紫云阁，东都洛阳宫有临波阁、上阳宫有七宝阁，

图5　博物馆珍宝阁东南门侧透视

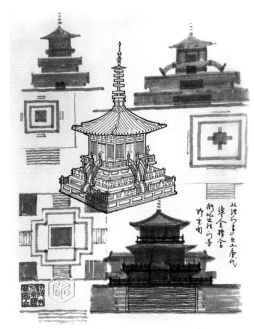

图 6 珍宝阁来自鎏金精舍

山西五台山佛光寺有弥勒阁。许多对楼阁的歌咏见诸唐代诗文。但楼阁的具体形象只有从古画、壁画中才能见到。扶风法门寺的珍宝阁的造型设计上，根据领导、专家和当地群众的意愿，吸取了出土珍品镏金唐式精舍的造型特色，将阁设计为下部形似重台、四面"飞梯"、上部方型钻尖顶的唐风建筑。为了使 1600 平方米的珍宝阁不至显得体量过于庞大，采用了海棠形平面，使建筑体量化整为零、轮廓丰富、造型优美。同时海棠形平

图 7 珍宝阁与舍利塔

面也使得室内展示空间有分有合，利于陈列布置。在平面设计上将文物库及其有关工作用房安排在相当于台座的底层。游人则从"飞梯"直上作为展厅的楼层。从而使功能分区明确，有利于保护与展出。

图 8　珍宝阁内景

　　三、博物馆的中院是一个南北纵深 140 米的绿化大院。地势北高南低，高差 3 米。珍宝阁利用地形矗立在地势高爽的中院北端，增加了宏伟感。在主要路线上，设计中认真考虑了三处主要观赏点，即中院入口、道路石台阶上坡段、珍宝阁"飞梯"前。这三处至珍宝阁的水平视距与楼阁高度的比例分别为 3:1、2:1、1:1，即进入中院入口看全景，上至道路石阶看中景，在"飞梯"前看近景。不但要精心设计一座优美的建筑物，同时还要为它安排相应的最佳观赏点，这也是中国古典建筑设计中"成景得景"的老传统。珍宝阁与东邻法门寺的真身宝塔、大雄宝殿鼎足而立，彼此均有良好的视景关系。不论从塔的基座上还是从大殿的站台上与珍宝阁距离与高度的比例均为 3:1，都在观赏全景的最佳范围之内。

　　四、为了保证文物的绝对安全，珍宝阁设有防匪、防盗、取证等报警防范系统。安装了自动消防报警和自动消防系统。设有空调系统以控制温湿度。采取了防尘和防紫外线的措施。陈列厅分别设置了环境照明、局部照明和事故照明三个系统。这样就使珍宝阁成为目前陕西省最现代化的一座博物馆建筑。

　　以上是珍宝阁设计意图中的几个要点。工程在 1987 年 9 月动工，1988 年 5 月竣工。经过近一年的实际使用，达到了当初预期的效果。

　　（此文发表于 1989 年《建筑学报》第 8 期）

骊山增胜景 汤池展真颜
——华清宫唐代御汤遗址博物馆设计

  唐华清宫御汤遗址博物馆位于陕西省临潼城南的华清池园内。1982 年 4 月陕西省骊山风景名胜区管理委员会在温泉总源以北修建仿古的"贵妃池"时，发现了唐华清宫汤池遗址。陕西省文物事业管理委员会组织了唐华清宫考古队，对遗址进行了近三年时间的发掘，在 4200 平方米的发掘场地上清理出五个汤池遗址。经专家学者考据论证，确认为盛唐华清宫御汤，包括"星辰汤"、"莲花汤"、"海棠汤"、"太子汤"、"尚食汤"，还清理出汤池殿基、墙垣、莲花方砖铺砌的坡道、陶质上下水管以及其他建筑材料。悠悠温汤流千载，华清鼎盛数李唐。这些御汤遗址的发现是我国隋唐考古工作上又一重大成果，从而引起国内外考古和旅游界的重视。1990 年 4 月李瑞环同志视察了唐华清宫御汤考古现场，与有关人员共同研究确定了保护与展示的方案。御汤遗址保护工程于 5 月奠基动工，8 月竣工。以"莲花汤"、"海棠汤"为中心的保护建筑群重现了一千余年前盛唐时代的皇家风韵，立即成为华清池游览区内最引人注目的景区。

保护方案的选择

  对于建筑遗址的保护与展示，国内外通常采用的有三种方式。其一是露天保护与展示，如万里长城、圆明园、金字塔、罗马斗兽场等。这种方式直观效果好，但露天不利于文物保护。当然如果对古迹不作特殊技术处理，这也是最经济的一种方案。其二是在遗址发掘取得资料后重新回填，在地面上与之相对应地复制遗址或是进行建筑物的复原。西安大明宫麟德殿、奈良平城宫都属于这一类。文物古迹埋于地下当然有利于保护，地面上的复制品虽然不是真品，但也一定程度上满足了观览的要求。第三种是把遗址作为展品置于展厅之中，如西安半坡博物馆、临潼秦俑博物馆、四川恐龙博物馆。这种方式既有效地保护了文物，同时又创造了优越的展示条件。在人造的维护空间之内，可以运用多种现代化的光、温、声等手段较好地解决保护与展示的诸多矛盾。当然这种方式花钱较多，对建筑设计也有严格的要求。三种方式的选择取决于环境的要求、文物的特点，也取决于技术和经济条件的可能性。鉴于华清宫御汤遗址所处的环境以及文物的珍贵价值，保护与展示的方案采取了第二种和第三种相结合的类型。即将遗址保护展示于展厅之中以满足保护与参观的现代化的要求；同时在建筑造型、风格、色彩和总体环境上趋向于复原，以利于参观者产生历史的联想，使遗址博物馆本身在华清池游览区内成为一组有历史特色的景区。

总体布局的确定

华清宫始建于唐太宗贞观十八年（644年），李世民诏令左卫大将军姜行本、将作匠阎立德于骊山北坡温泉涌出处"面山开宇，从旧裁基"，开始宫殿建设。至唐玄宗天宝六年（747年），李隆基"以房管资机算，诏总经度骊山"，充分利用骊山山势和山前洪积扇地形，以温泉源为核心建成了青山如绣、温泉长流、楼台绮丽的华清宫。现在作为名胜风景旅游热点的华清池建筑园林大都形成于清代与新中国成立后，其布局与唐华清宫已无对应关系，归纳起来可分为东西两大区。东区由北部的公共浴室群与南部的"五间厅"（"西安事变"旧址）一组园林建筑构成。西区由北部的"九龙汤"与南部的"温泉宾馆"组成。说来也巧，唐代御汤遗址就正处在东区的"五间厅"和西区的"温泉宾馆"之间，南面紧临温泉总源，北面还有一组叫"禹王殿"的四合院。这片遗址发掘场地4640平方米，完全具备形成一个相对独立的景区的条件，当然这必须运用对比、衬托、掩映、借景等设计手法使新建博物馆建筑与周围原有建筑搭配起来形成各具特色的体形环境，创造良好的成景得景条件。除此之外，总体上还有一个如何处理好遗址区与周围的地形地貌关系的问题。这片遗址比周围地面低 1.5 米至 2.4 米，形似一个大坑。"坑"底又南高北低，即在南部接近骊山麓的一侧呈 1.5 米高的条形台地。"星辰汤"、"尚食汤"就在这条台地上。据考古专家证实这"坑"底正是唐华清宫的室外地平。年深日久，现代华清池园内地平已大大高于唐代。在总体设计时决定保留并显示这些地形高差，将遗址博物馆建筑群建在一片下沉式庭院中。当游人在外围居高临下俯视遗址时，建筑环境空灵开敞，呈外向空间景象，与左右相邻两组建筑群形成强烈对比。当游人置身下沉式庭院中时，视线所及是展厅建筑和院墙一般的挡土墙，人们感到的是一个聚合性内向空间的景象，从而突出了自己的独立性。保持遗址原有地平，通过地面高差显示了历史的时差，增加了游人沧海桑田的历史感。

在总体布局上还着重考虑组织明确的参观路线。遗址博物馆应该有一个综合介绍背景情况的起点，因而将遗址北侧原有的"禹王殿"一组四合院划入馆区，改造为序馆，作为参观的景点。参观完序馆来到馆前平台，所见到的是骊山衬托的博物馆建筑群最佳视景。然后拾级步入下沉式庭院，入海棠汤展厅、出莲花汤展厅，至室外参观秦汤遗址、温泉总源、露天复制的太子汤，然后登上台地上的展厅依次参观星辰汤、偏殿及尚食汤诸展厅。一路上时而室内时而室外，最后又回到序馆前的平台上结束了这一组丰富的空间序列。观览路线的起承转合充分考虑了游人心理与视野开合的变化。

展厅建筑的设计

这组遗址博物馆建筑采取了每个汤池遗址上对应建一个展厅的方式。展厅把汤池及其殿堂的遗迹均罩入室内。参观者进入展厅所在的室内标高分别高于各遗址面 1.3 米至 2.8 米不等。在这个高度上建参观挑台，为观众俯视遗址提供了良好的条件。根据遗址的重要性和规模的不同，展厅分别采用环形挑台或单边挑台

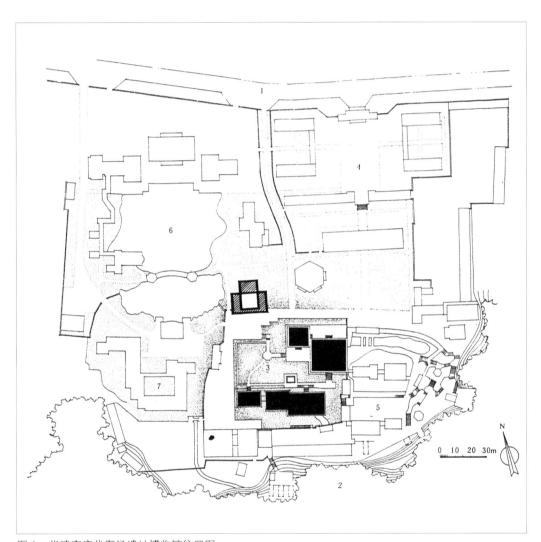

图 1　华清宫唐代御汤遗址博物馆位置图
1. 华清路　2. 骊山　3. 御汤遗址博物馆　4. 公共沐浴区　5. 五间厅区　6. "九龙汤"区　7. 温泉宾馆

以组织人流。

　　由于展厅将原殿宇遗迹均包在室内，因而展厅势必均比原殿宇放大一圈，也就不可能真正按遗址进行复原设计。各汤池展厅的距离相应缩小，甚至如星辰汤

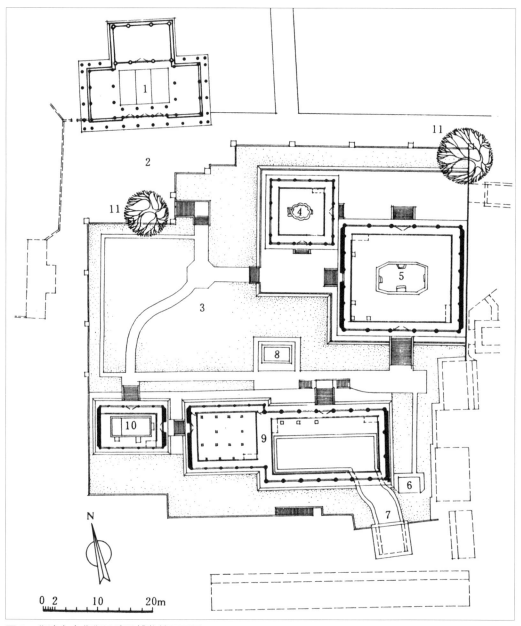

图 2 华清宫唐代御汤遗址博物馆平面图

1. 序馆（原禹王殿） 2. 馆前平台 3. 下沉式庭院 4. 海棠汤陈列厅 5. 莲花汤陈列厅 6. 秦汤遗址 7. 温泉总源
8. 太子汤遗址 9. 星辰汤及偏殿陈列厅 10. 尚食汤陈列厅 11. 保留大树

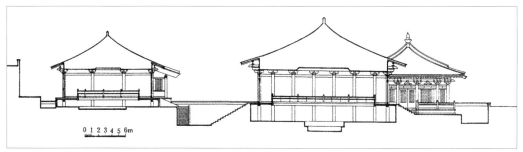

图 3　莲花汤及星辰汤陈列厅剖面图

和偏殿的两个展厅就连接成一体了。尽管不能复原，但考虑到华清池这一名胜风景区的历史特色，全部保护陈列建筑都采用了较纯正的仿唐形式。新建筑的开间大小尽量和原殿宇的一样，以此来控制建筑的尺度。唐代各汤池的等级不同，如星辰汤是唐太宗李世民的御汤，莲花汤是唐玄宗李隆基的御汤，海棠汤是贵妃杨玉环沐浴之所，太子汤为太子专用，尚食汤则是赐大臣们沐浴的汤池，星辰汤西侧的偏殿是一处辅助性用房。展厅设计时也随着其中遗址的不同性质，分别采用了歇山、攒尖、悬山和盝顶四种不同形式相应加以区别。为了赋予不同展厅以不同性格，如莲花汤台明高 1.42 米，用有铇钉的木板门；而海棠汤则只有 0.62 米高的台明，并在四周设了一圈钩片栏杆，出入的大门则是较空透的直棂格扇门。一个突出帝王气势，一个表现女性的轻柔。整组建筑灰瓦、青砖、赭柱、石台。在下沉式庭院西、北两侧的挡土墙上设有若干唐风石灯。庭院中遍植草皮及低矮花灌木，从色彩和尺度上衬托着建筑群。

　　展厅室内环境全部采用自然采光。为增强汤池的展示效果并考虑摄影、摄像之需设置了局部的陈列照明系统。展厅全部采用固定直棂窗，但相应采取措施组织空气对流的自然通风，开馆使用后效果良好。馆内还设有消防、避雷设施。

　　建筑外形虽为仿木结构，但为了保护遗址，室内不能设内柱，致使展厅建筑

图 4　从馆前平台上看馆区

图 5　星辰汤陈列厅内景

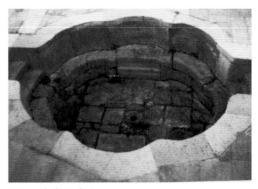

图 6　海棠汤遗址

图 7　莲花汤与海棠汤陈列厅

大都是十几米进深的较大跨度，如最大的莲花汤展厅进深达 19 米之多。因此全部采用了钢筋混凝土基础和梁柱、钢屋架。斗栱和栌斗均用钢板制作。这对缩短工期、保证质量起了很大的作用。此外，总体设计保留发掘现场地形地貌，不予填平，节约了上万方土方工程量。利用旧建筑作序馆也节约了工程量。这些都为缩短工期、节约投资创造了有利条件。

（此文发表于 1991 年《建筑学报》第 7 期）

陕西历史博物馆设计

陕西历史博物馆（简称"陕博"）是一座国家级大型博物馆，是国家"七五"计划的重点建设项目，投资 1.44 亿元，馆区建筑面积 45800 平方米（另有生活福利建筑 9800 平方米）。文物收藏设计容量 30 万件。接待观众容量 4000 人次／日，工程于 1986 年夏破土动工，1991 年 6 月竣工落成。

笔者参与了这一建设项目的前期考察、可行性研究以及从方案到施工图的设计工作，现将陕博设计中若干问题的探讨简述于后，请批评指正。

科学合理　确定规模

在博物馆建设的前期考察和可行性研究中，科学、合理地确定建馆规模是一个基本任务。由于我国还没有颁布博物馆的各种定额指标以及相应的计算方法，因此，我们只能在国内外博物馆经验数据的基础上，综合陕博的使用要求，提出若干基本参数作为设计的依据，同时在设计的不同阶段再按照实际情况予以调整。

一般地，博物馆均由文物保护、文物陈列、观众服务设施、工作人员用房、设备用房五大部分组成。我们把文物保护和文物陈列这两部分的规模作为确定全馆规模的主要因素。

根据国家文物局博物馆处提供的数据和国内几个博物馆的实际使用情况，陕博文物库的面积指标取 40 件（号）／平方米。陕博老馆文物藏量为 8 万件（号）。参考历来文物增长速度，预计 20 年发展远景，设计文物藏量当为 30 万件（号），因而库区建筑面积取 7800 平方米。

文物陈列区分别为基本陈列、专题陈列和临时陈列三部分。主要根据展出文物件数确定其所需面积，并适当考虑展览路线的长度。国际上一般认为展出的文物与库藏文物的比例以一比十为宜，而实际上许多博物馆的这一比值均根据各自的具体情况而定。历史悠久的大馆老馆库存比例一般较大。我们按展出库存文物

图 1　陕西历史博物馆方案图

30 万件（号）的 1/30 考虑即按展出 1 万件（号）展品来考虑陈列部分的规模。国外一般一件展品所占展览面积的指标为 1 平方米 /1 件。北京中国历史博物馆略低于此指标。考虑到有利于提高陕博的展示效果，故采取 1 平方米 /1 件（号）的指标。陈列区建筑面积相应为 10900 平方米。

在确定库区、陈列区面积规模的基础上，经过与筹建和使用单位各级领导及专业人员多次结合、调查研究，明确到建筑内容的设置应突破单纯作为文物保管和陈列机构的传统博物馆模式，而兼具文化交流、科学研究、科普教育等作用，并为

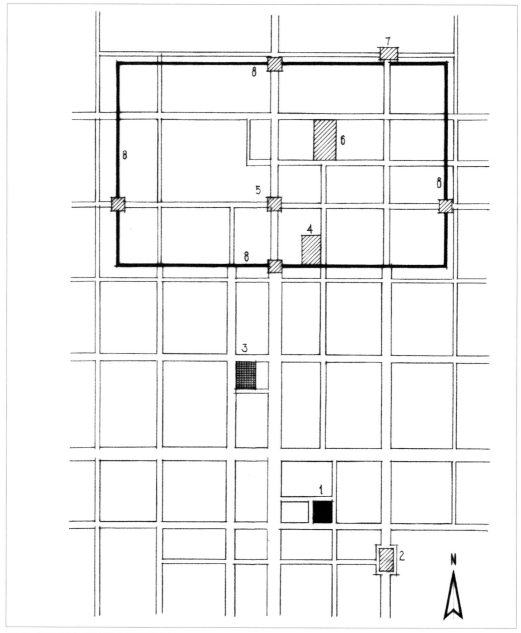

图 2　陕西历史博物馆位置示意图
1. 馆址　2. 大雁塔　3. 小雁塔　4. 碑林　5. 钟楼　6. 省政府　7. 火车站　8. 明城墙

图3　陕西历史博物馆全景鸟瞰

观众提供良好的休息、餐饮、购物等服务设施。故业务研究用房为9700平方米，公共服务设施7100平方米，此外，行政管理用房2600平方米，设备用房5300平方米，其他2400平方米，汇总以上各项面积，全馆总计45800平方米。库区、陈列区面积之和占总面积的40%。总之，博物馆规模的确定要按照馆情"量体裁衣"，适当预计发展，各部分比例适当。

相对集中　紧凑布局

　　陕西历史博物馆馆址在西安市小寨东路翠华路口69360平方米的场地上，其

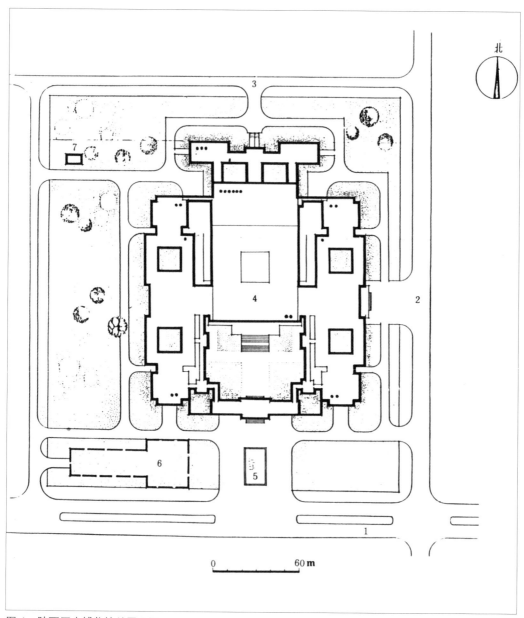

图4　陕西历史博物馆总平面图
1. 小寨东路　2. 翠华路　3. 兴善寺东街　4. 主馆　5. 水池　6. 地下车库　7. 辅助用房

优点是用地方整、四周有路、位于城市干道的交叉口，距市中心较近，交通方便；同时这里距大雁塔曲江风景旅游区仅 1 公里左右，在城市旅游路线上，与大小雁塔均有较好的通视线；特别因为这块地上无搬迁任务，近旁的干道有城市管网设施，便于工程上马（图 2 位置示意图）。但其不利之处是用地略感局促，发展余地不大。作为大型公共建筑近旁还缺少公共广场或公用绿地。

根据上述场地条件及现代化博物馆的功能要求，陕博建筑物采取了相对集中的布局。文物库、陈列厅、公共服务设施、行政用房、业务用房都集中在主馆，设备用房也大都集中在主馆内，从而最大限度地争取了绿地面积，使主馆处于绿化环抱之中。观众主要入口面南，临主干道小寨东路，距红线 50 米。门前设有绿化广场及地下停车库（暂缓建）。观众次入口面东，临次干道翠华路。工作人员入口面北，距兴善寺街红线 30 米，其间为城市绿带。文物及其他货运之出入口在场地西北角之西门。为了保证馆区的良好环境，将锅炉房另行安排在兴善寺街以北距此场地 100 米的另一块基地上。主馆布置略向东偏，使西侧留有 70 米宽的绿地以供远期发展扩建之用（图 4）。

统筹兼顾　明确分区

陕西历史博物馆内容庞杂，要求各异。在建筑设计中首先按照其基本功能分为前后二大部分。前部是对观众开放，直接为观众服务的区域，可谓博物馆的"前台"。后部是收藏文物及工作人员工作场所，可谓"后台"。两部分分区明确，使馆内观众不能从前部进入后部，但同时要使有关的工作人员和物品运输能方便地从后部通达前部（图 4 ～图 9、图 11）。

"前台"由包括基本陈列、专题陈列和临时陈列的陈列区以及各类公共服务设施所构成。这部分设计合理的一个重要标志是使观众流线活而不乱。为此将全部对公众开放的设施围绕主庭布置，以空廊相连。进入陈列区的三个入口分设在庭院

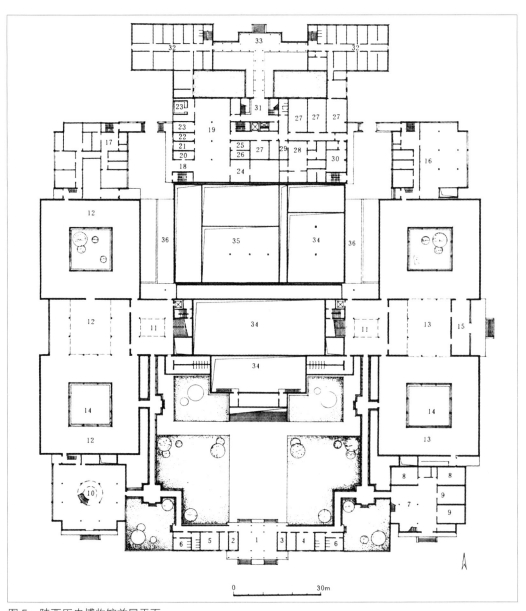

图 5 陕西历史博物馆首层平面

1. 大门 2. 售票 3. 小件寄存 4. 群工、接待 5. 治安保卫 6. 厕所 7. 门厅 8. 贵宾接待 9. 教室 10. 文物商店
11. 休息厅 12. 专题陈列厅 13. 临时陈列厅 14. 水庭 15. 东门 16. 图书资料楼 17. 行政楼 18. 文物入口 19. 晾置间
20. 登录 21. 清洗 22. 干燥 23. 暂蒸 24. 暂存库 25. 休息 26. 更衣 27. 文物修整 28. 摄影配套用房 29. 数据检索
30. 防盗中心 31. 业务楼门厅 32. 文保实验楼 33. 北门 34. 机房上空 35. 文物库上空 36. 坡道

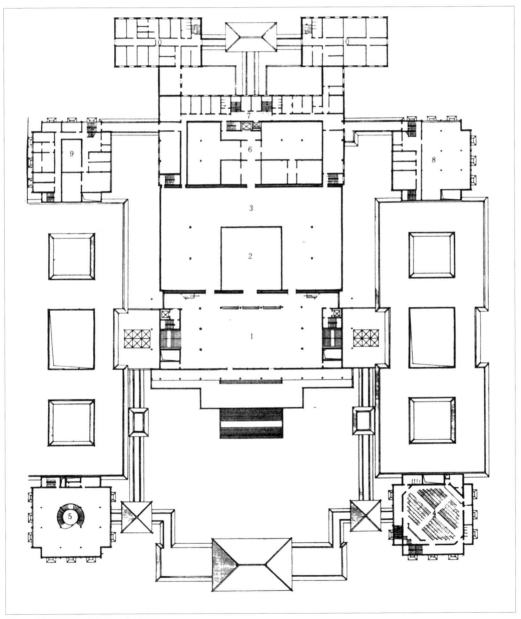

图 6　陕西历史博物馆二层平面
1. 序厅　2. 中央陈列厅　3. 基本陈列厅　4. 报告厅　5. 冷饮、小吃　6. 文物库区　7. 业务用房　8. 书库　9. 行政办公
10. 文物保护实验楼

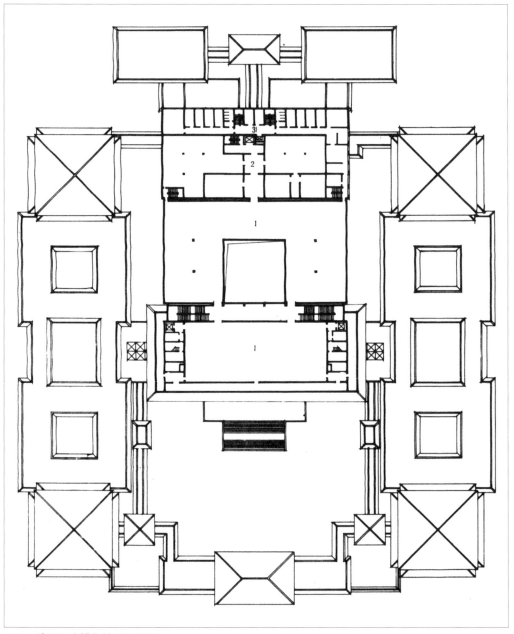

图 7 陕西历史博物馆三层平面
1. 基本陈列厅　2. 文物库区　3. 业务用房

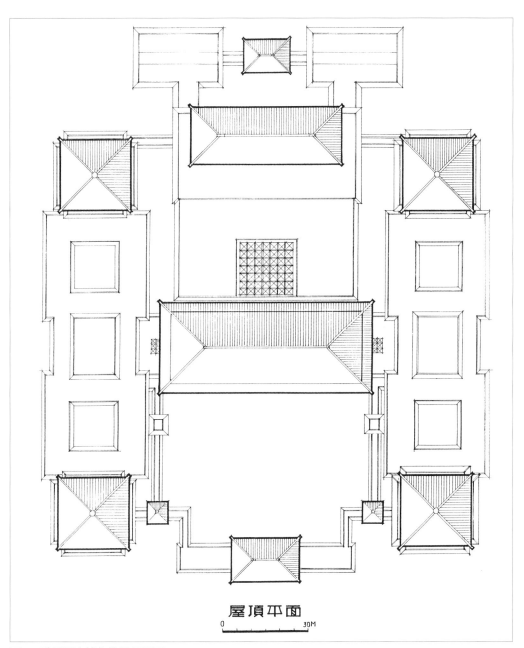

屋顶平面

0 　　　　　30M

图8　陕西历史博物馆屋顶平面

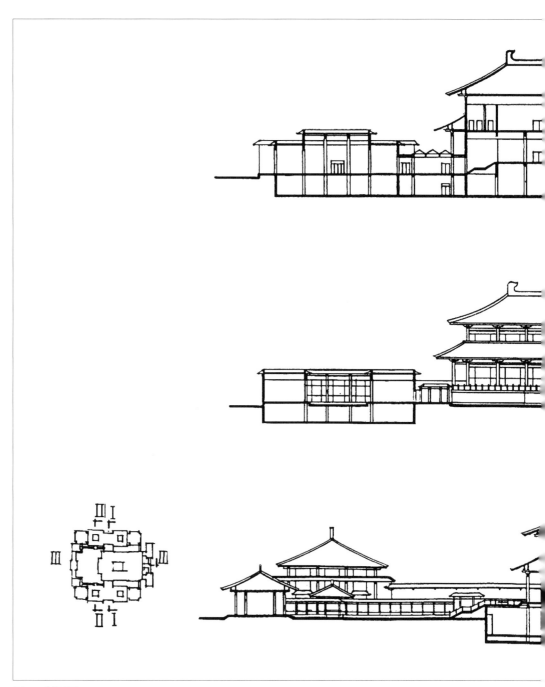

图9　剖面图

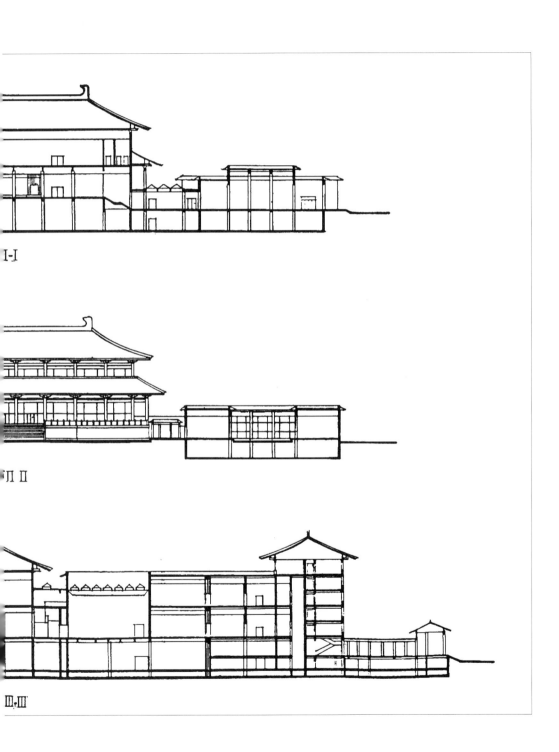

I-I

Ⅱ Ⅱ

Ⅲ-Ⅲ

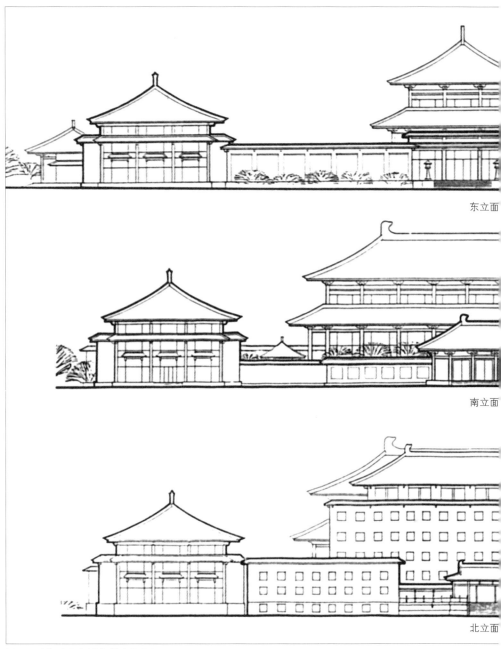

东立面

南立面

北立面

图 10　陕西历史博物馆立面图

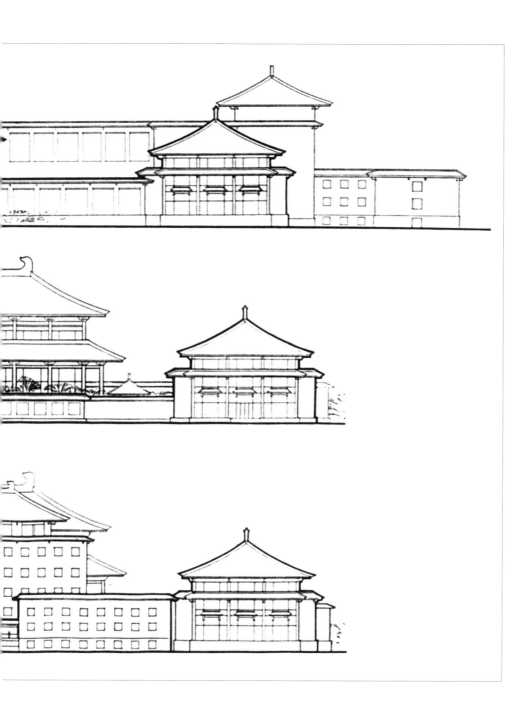

北面，在布局上为观众提供的选择参观的自由度较大。从南大门入馆后可通过庭院或连廊直接进入三者中任一部分。观众也可在序厅与其两侧的休息厅所构成的室内枢纽空间内对参观路线作灵活的选择。提供接待、视听设施的东南角楼与提供购物和餐饮的西南角楼分置于庭院两角，亦便于观众自由选择参观前后的去处。这样一个环绕庭院布置的"前台"为观众提供了开阔灵活的文化休息场所（图11）。

文物库及文物前处理所构成的库区是博物馆的心脏，是"后台"中最直接邻近"前台"的部分，被布置在陈列厅与其他业务用房之间。在建筑布局上既要充分考虑安全防护的要求而使之与其他用房截然隔断，同时又要使各业务部门与之有方便的联系。文物前处理在库区一层，西侧对室外有便于装卸的文物入口，处理后的文物通过库区内的专用电梯及楼梯运往一、二、三层及地下室的文物库。库区通过陈列准备室与基本陈列部分的陈列厅直接相通。专题陈列及临时陈列所需文物则通过地下库区通道经由这两部分陈列准备室的电梯运至陈列厅。与临时陈列厅配套还设置了供外单位使用的临时文物库。

"后台"的第二部分是名目众多的业务用房，其中主要有陈列工作室、历史研究室、电子计算机房、中央控制室、情报数据室等。除情报资料室单独布置在东北角楼外，其他均集中设置在紧贴库区的多层办公楼内。文物保护试验室业务开展有相对独立性，故使其自成一栋三层小楼，作为主馆后楼置于北部。它与主馆的业务办公部分出入口分开设置，各不相扰。

"后台"的第三部分是行政办公用房。因工作性质与业务办公不同，单独设置在西北角楼。它与东北角楼一样均有连廊与业务办公部分相通。

"后台"的第四部分是设备用房，包括冷冻机房、空调机房、变配电站、水泵房等均设置在主馆中部的半地下室中。该区设有单独的出入口，便于维修管理。（锅炉房如前所述移至馆区外另一场地）。

根据各部分的功能关系，统筹兼顾地进行功能分区并组织人流及货流，将庞杂的博物馆机能纳入了合理运行的轨道。

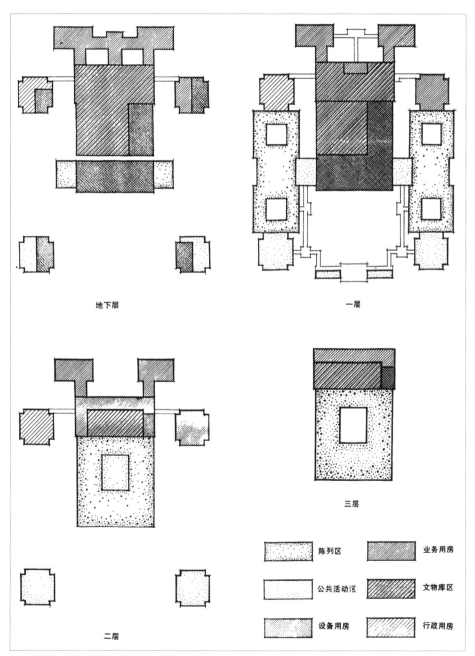

地下层

一层

二层

三层

陈列区　　　　业务用房

公共活动区　　文物库区

设备用房　　　行政用房

图 11　陕西历史博物馆功能分区示意图

先进求实　配备设施

　　陕西历史博物馆是我国（20 世纪）80 年代设计、建造的国家级博物馆，理应达到国际上博物馆的现代化设施水平。在设计中对需要与可能作了综合的权衡，在经济条件和管理水平可行的基础上实事求是地确定现代化设施的内容与档次。

灵活控制的空调系统

　　博物馆最基本的首要功能是保护好文物。控制环境的温度、湿度、净化程度是持久保存文物的必要条件。西安属大陆性气候。全年有 99 天低于 5℃。平均气温 ≤ 0℃有 36 天。平均气温 ≥ 25℃有 71 天。温度日较差通常在 10℃以上，相应湿度变化也很大。西安市区空气中含尘浓度高出滨海地区 10 倍左右，远远超出了卫生标准容许值。这样的自然气候条件与文物保护的要求相去甚远。经过多方反复研究，决定对陕博的文物库及陈列厅采取全面空调。严格根据不同文物的工艺要求区别标准、分开档次；不同季节分别采用制冷、送热、通风的不同手段；提供不同区段单独控制的灵活性；采取空调系统的自动控制。凡此种种以提高空调的使用效益、降低能源消耗。所有无特殊工艺要求的用房均只有冬季采暖而不设空调。

多种功能的电气系统

　　陕博按二路供电进行设计，以保证在发生事故时不中断电源。陈列厅内的照明按环境照明、局部照明、特殊照明与事故照明分别设置。环境照明 150 ～ 300 流明，局部照明为 500 ～ 700 流明，具体根据工艺要求而定，文物库与陈列厅内均根据我国灯具生产的国情采用三基色荧光灯管喷涂紫外线吸收剂，以满足文物保护的要求。报告厅内设有电影放映装置、投影装置及六种语言的感应式无线同声传译装置，可供举行国际性学术会议。馆内设有程控电话、有线扩音系统、电开水炉及防雷装置。

严密的防灾、防盗系统

防灾防盗对博物馆具有格外重要的意义。馆内除按照规范设有严密的水消防系统外，在珍品库采用了先进的 1211 自动灭火器、设有烟雾报警及 1211 卤代烷自动灭火的联动系统。防盗系统由公安部门进行设计。

分期实施的计算机系统

馆内设有电子计算机系统。拟由小到大，从局部到全面地实现计算机管理的控制，主要是为历史文物档案数据管理、博物馆的经营管理以及科学研究服务。

集中的中央控制系统

在中央控制室内全面掌握控制全馆的电气系统、空调系统、防灾系统、防盗系统。

实现上述设施可谓初步达到国际上博物馆的现代化水平。

创造条件　提高效益

博物馆属于文化事业，是非盈利单位。其设施现代化以后能源消耗将大大提高馆方的经常开支，往往出现"建得起，用不起"的现象。

有鉴于此，在陕博设计中一方面适当掌握设施标准，既控制基建投资又降低运行费用，同时也综合考虑群众对文化休息设施的要求日益提高，设计安排了各种服务项目，以扩大馆方的经济收益，为博物馆以收抵支创造条件。

如将文物复制品商店及冷饮小吃部设计在 1200 平方米的西南角楼内，构成一商业楼，开馆时向观众开放，闭馆时可以将它与馆内切断，单独对外营业。把报告厅、教室、贵宾接待室组织在东南角楼内，构成一个具有现代化声像手段的会议楼，有单独的门厅和出入口，既可直接为馆内观众服务，也可与馆区隔开单独对外组织活动，是西安举行学术会议的好场所。把近 2500 平方米的临时陈列厅布置在主馆东翼，它直接向翠华路设有大门，有专用的门厅及库房、工作用房，有如一个独立的小型陈列馆，亦可与馆内隔断单独对外出租开放。附在馆北的文物保护实验楼，具有较先进的文物保护测示、检验、修复、复制手段，建成后将成为西北地区文物保护中心，也将取得一定的经济收益。

当前，我国许多博物馆都面临着提高现代化水平与管理运营资金不足的矛盾。一种办法是迁就现状，推迟现代化的进程；另一种办法是打破单纯办展览的习惯做法，围绕群众文化活动开展多种经营，以这部分收入弥补管理资金之不足。我们认为后一种办法是积极可行的，它已被当今国内外许多博物馆的实践所证实。

发场传统　力求出新

陕西历史博物馆是古都西安的标志性建筑，同时也是陕西地区各类历史博物馆系列中的"龙头"。兴建这座文化建筑，不但应功能合理，设施先进，而且要注重建筑作为文化传播媒介的精神功能。在下达设计任务时，政府明确要求陕西博物馆建筑应具有浓厚民族传统和地方特色，并成为陕西悠久历史和灿烂文化的象征。为此，在建筑创作中力求传统艺术形式与现代化的功能、技术相结合，传统艺术手法与现代艺术手法相结合，传统审美观念与现代审美观念相结合。主要从以下几方面进行了探索。

图 12　陕西历史博物馆正面全景

定性与定形

我国传统建筑有一套相地立基、选型定制的做法，即在明确了一个建筑的性质及其在环境中的作用与地位后再相应地确定其规格、型制与形式。这在保证环境与建筑以及建筑与建筑的整体性方面是一条行之有效的经验。在陕博方案构思时考虑到这座博物馆主要功能是保存和展现陕西史前文化的丰富遗存和我国封建社会从发生至鼎盛时期的珍贵文物，博物馆所在的城市西安又是这段历史时期十一个朝代的国都。作为这样悠久历史和灿烂文化的象征，建筑的型制规格必须是高档次、高层次的，用传统建筑的术语来说，应是"大式"决不能采用"小式"。从而明确这座博物馆建筑有如陕西历史文化的殿堂，应具有宏伟、庄重、质朴、宁静的格调（图 10 ～图 13）。

生活方式与空间组合

历来中国人生活在有庭院的建筑环境之中，宫殿、庙宇、住宅、作坊无一例外。院落式的建筑空间组合与人们需求院落的生活方式是密不可分的。考虑到要使陕西博物馆不仅成为一个纯功能性的展览房屋，同时还要使这里成为一个人民群众喜闻乐见的文化休息场所，所以采取了室内外空间穿插结合的布局。全馆组织了七个大小不同的内院，其中三个是联系展厅与公共服务设施的半开敞式庭院，四个是被展厅环绕的封闭式小院。后者小而单纯，仅是供展厅中的观众稍为休息视力的空间；前者空廊环绕，绿化繁茂，无异于一个无顶的大厅，起到了联系展厅与各公共服务设施的作用，是观众休息活动的空间，在这里休息较为符合中国人的生活方式与审美意趣（图14～图19）。

有秩序的变化

传统建筑群，无论它们变化多么丰富，大都有较好的整体性，这主要在于变化主次有序才不失于零乱。陕西博物馆似乎是一幢房子，但又具有群体组合的艺术效果，它冒"采用宫殿式"之大不韪，借鉴我国传统宫殿轴线对称、主从有序、中央殿堂、四隅崇楼的构图模式，但每个建筑形体又都是按照不同的功能要求而具有自己的特点（图2、图10）。怎样建立主次有序、浑然一体的群体关系，在设计中主要把握了两点：一是吸取我国传统建筑材分制度的精神，确定了一套模数，从而有效地控制了各类建筑比例尺度的统一性。另一是抓住传统宫殿建筑的一个造型特征，即以飞檐翼角为母题，在建筑各个转角部分一再出现。这些出檐深远、曲率舒展的造型，对于建筑艺术风貌的整体构成起到了提纲挈领的作用（图20、图21）。

艺术、功能、结构的统一

唐代建筑雄浑质朴的造型、简洁明确的构造、整体明快的色彩，特别是建

图 13　陕西历史博物馆馆名碑池与正门　　　　图 14　陕西历史博物馆庭院空间

图 15　陕西历史博物馆主庭院东南角

图 16　从序厅平台看大门与商业楼

图 17　陕西历史博物馆庭院一角

图 18　西南小庭院

图 19　贵宾接待厅侧小院

图 20　陕西历史博物馆的 "宫殿式" 构图

图 21　主庭院西南角

筑艺术和功能、结构的高度统一，这些都与现代建筑的逻辑有着许多相通之处。本着这种精神，陕博挑檐下的椽子、斗栱不仅造型简浩，而且在结构上都是受力构件，构成屋顶坡势平缓、出檐深远、翼角舒展的造型，突出了洒脱的唐风特征；建筑的墙面根据内部功能需要，该实则实，该虚就虚，外形虚实变化对比与内部功能有机统一（图 22）。

现代技术材料与当代审美意识

技术上的现代化势必带来现代化的审美意识，因此陕博作为现代化的大型博

图 22　陕西历史博物馆西腋院

图 23　陕西历史博物馆庭院内唐代石雕

物馆不应该也不可能一板一眼地仿古。这里不仅用了现代的钢筋混凝土框架结构，还全面采用了现代化的建筑构配件和材料，力求具有时代特征，表现当代审美意识。如采用大片玻璃、预制大墙板，造型上突出了大体块的虚实对比。在色彩上一反传统古建浓丽的做法，采用黑、白、灰、茶的淡雅明朗色调。在细部处理上亦力求出新，如不锈钢管与抛光铜球组合的大门给人以传统饱钉板门的联想，而乳白面砖的铺贴图案则尽可能地反映出钢筋混凝土结构的构成。

良好文明的室内外环境

博物馆是文化建筑，因此要具有高格调的、文化气氛较浓的室内外环境。陈列区以突出文物为主，休息厅要让观众视线得到放松休息，均不作过多装饰。会

图 24　陕西历史博物馆序言大厅内景

图 25　陕西历史博物馆展厅内景

图 26　陕西历史博物馆夜景

议楼是学术活动场所，应该简洁大方。只有商业楼稍为变化活泼一些，但也区别
于一般市井商店而具有高雅的格调。馆区内室外场地除道路、广场、铺地外全部
进行绿化。铺设草坪 35000 平方米，绿化面积达馆区总面积的 54%，为博物馆的
净化防尘提供一个"不见土"的园林化的小环境。除广植花木实现三季有花、四
季常绿以外，还在绿地中配置了一些具有高度文物价值的古代石刻。如门前广场
的馆名碑水池中陈列了汉长安昆明池中的石鲸。东西两片大草坪上各配置了一匹
雄骏的唐陵石马。凡此种种力求构成一个具有文化气息、为公众喜闻乐见的优美
环境（图 23～图 26）。

　　目前，陕西历史博物馆刚落成开馆，设计经过施工的检验，初步取得了预期的效果。可是，真正检验还在今后长期的使用过程之中。我们将在不断的实践中总结经验教训，提高我们的认识水平和设计水平。

（此文发表于 1991 年《建筑学报》第 9 期）

关于咸阳 505 科技楼

505 科技楼是一座传统医疗保健
品科研生产的综合性建筑。建筑面积
7750 平方米，由 505 神功益寿产品的
科研用房、生产车间、展览接待、营
业销售四部分组成。

选址在咸阳市南北走向道路的西
侧。基地是一片南北窄、东西长的场地。
建设单位曾在社会上登报征集方案，在应征的几十个方案的基础上又归纳出一个
设计方案。其要点是沿城市道路布置主楼。一层为营业销售和展览。二、三层为
接待与办公。四、五、六层为生产车间。第七层为教室。屋顶层是由一个会议室
和两个小亭控制的上人屋面。在主楼西北角布置科研楼与主楼相连，高三层，使
整个大楼呈"L"形。沿街立面中轴对称。屋顶层会议室为歇山屋顶与主入口的
大屋顶在一条中轴上。楼顶两端各有一攒尖方亭。与周围现有建筑联系起来看，
这个方案在高度、体量及造型特点上都体现了一定的主体意识。但咸阳市、建设
单位仍稍感不尽人意，又授命于我另提方案。现在我所提的这个方案，严格地说，
是原方案的深化和发展，只是原方案的修正案而已。

作为发扬中华民族传统医学的科技楼，在"既要现代化，又要有民族传统"
的要求下，修正案主要围绕调整功能、美化造型、赋予内涵这三个方面进行深化
发展。方案要点如下：

一、在平面上明确划分对外接待及营业、生产部门、科研部门三个不同性质
的入口。流线明确、各设门厅，并与相应的垂直交通相联系。在生产部门使用的
南门厅布置了客货两用电梯。合理组织交通流线对大楼的使用和管理至为重要。
在调整平面时还注重减少西向房间，较多地增加了南北向用房。

二、为了突出 505 神功元气医学的特色，在主楼中轴线上设计了八角形大厅，
使之具有独特的个性和象征性。门厅的一层空间与二层联通，总高 7.5 米，气派

恢宏。门厅周围组织了展厅、零售、批发、门诊等用房，空间通达流畅，意在形成兴旺发达的气氛。这部分实际为大楼的公共活动场所，所以运用了公共建筑中扩大空间的手法，为室内装修作重点处理提供了条件。

三、进一步强化了屋顶层的积极机能。适当增加了屋顶层的建筑面积，使之具有一定的容量和配套设施。不是简单地把屋顶看成一个上人屋面，而是使其具备进行多种公共活动的条件。在屋顶层中央设置了两层八角形大厅（神功厅和元气厅），在靠近电梯一端设有足够面积的服务间（可作配餐间），另一端设有男女厕所，这些用房与电梯、楼梯、连廊与屋顶花园共同组成了一个系统，可供会议、招待、娱乐之用。作为一个有生命力的现代企业，这些设施是必不可少的。

四、对建筑立面和空间环境进行艺术处理。临街立面底层采用花岗石墙面、上面是大片玻璃幕墙，富有明显的现代感；同时在建筑屋顶轮廓线和大楼入口等重要部位予以传统意味的装饰。考虑到此楼地处古都咸阳，故选择秦汉建筑的艺术造型，简化后加以运用。现代建筑的传统文脉应不仅仅局限在立面装饰上。特别考虑到这座大楼的性质和誉满全国的特点，建筑内外空间环境在数、象、理、气各方面有所照应是十分必要的。所以，门厅和屋面层大厅均用八角形，三个主要出入口位置选在东、南和东南，庭院中与科技楼相对应设置水池等都有着传统的一些讲究。临街立面下实上虚的强烈对比，前面已经谈到是明显的现代手法。但从传统哲理分析，实为刚、为阳、为乾，虚为柔、为阴、为坤。下实上虚的立面是乾下坤上，可解为一个泰卦。"泰者通也"，寓意了神功元气的通顺，企业发展的通达。在传统与现代的结合上，我希望根据不同工程的性质和不同业主的特点，使建筑既符合现代生活要求，同时又有着传统的内涵，既符合现代美学的要求，同时又包含了传统的审美意识，以达到建筑艺术更大的包容性，做到雅俗共赏，但必须待这项工程建成之后才能看到建筑师的主观愿望与客观效果是否真正相符。

《聊斋》之乡的"迪斯尼"
——柳泉风景区规划设计

柳泉风景区位于山东省淄博市洪山镇蒲家村，这里是我国 17 世纪著名文学家、《聊斋志异》作者蒲松龄的故乡。村落形制古朴，至今保存完好，村内有蒲松龄故居。村东门外地形起伏，林壑优美。距东门 150 米处有与蒲松龄创作生涯密切相关的"柳泉"古井。距东门一里是蒲松龄墓园。这些珍贵的名人遗迹与秀丽的自然风光颇具游览观光的吸引力。1987 年以来蒲松龄的后裔陆续在此兴建了"艺术馆"、"孤仙园"、"石隐园"以及"柳泉"题额的石碑坊，当地的村镇规划也将这片宝地命名为"柳泉风景区"，并计划在此风景区内建设以《聊斋》为题材的旅游设施。笔者正是应蒲松龄后裔之邀请，主持了这一规划设计工作。

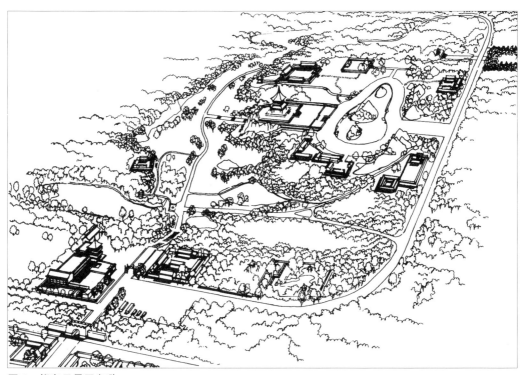

图 1 柳泉风景区鸟瞰

　　蒲松龄是驰名中外的文学家，他的故乡、墓园和柳泉古井均为淄博市文物保护单位。作为蒲松龄生活、创作环境的蒲家村至今仍保持着浓郁的淄川乡土风情。因而在规划设计中我们首先要保护并突出这些珍贵的文物古迹与有关的人文景观与自然景观。新建的旅游设施均应与这一大环境相协调融为一体，创造民族的、乡土的、质朴明朗的游览环境。新增的旅游设施以"蒲学"文化活动及其巨著《聊斋》为主题。考虑这是一项农民举办的事业，规划设计要具有更强的大众性，因地制宜、节约投资，有利于分期兴建，有利于经营创收。按照以上的构思在总体上划分了三个景区，规划了一条游览环路，相应布置了九个建筑子项和有关的专业规划。

　　柳泉风景区的第一个景区称村东门区：蒲家村东门外 100 米以内的范围是柳泉风景区门户之所在，大量游人由此进入风景区。这里已建停车场、石牌坊、艺术馆、狐仙院、石隐园，尚需增设必要的旅游商业服务设施，如餐厅和小宾馆，以解决游人就餐与旅游团体、学术团体、小型会议及专家学者在此学术研究短期留驻，规划"仙乡宾馆"就担负了此项职能。第二个景区为沟壑区；距村东门 100 米处是一道跌落 8～9 米的陡坎，由此向东是一条宽 130～150 米呈不规则变化、东西走向的沟壑。自古蒲家村向东通往外地的通路就在这条沟中逶迤延伸。两侧土坎绿树成林，郁郁葱葱。蒲松龄当年设茶招待过往行人以收集故事素材的"柳泉"（亦称"满井"），就在距前述陡坎约 50 米处，周围柳林成荫。柳泉东北约 30 米处的土坡上"满井亭"掩映在绿荫之中。沟的两端路北地势低洼，有条件造成"人工湖"，命名为"孤影潭"。路南地形变化丰富，在沟底隆起大小不等的五个土丘。在最大的土丘上已建有"五峰亭"。沟坎与土丘上林木繁茂，低处则绿草如茵。这一带空间层次丰富，幽静而有野趣。所以规划整个沟壑区保持其自然风貌，维护其村野情调。除满井亭以东高地上原有"满井堂"两个小院予以恢复之外，沟内不再兴建其他旅游设施。第三个

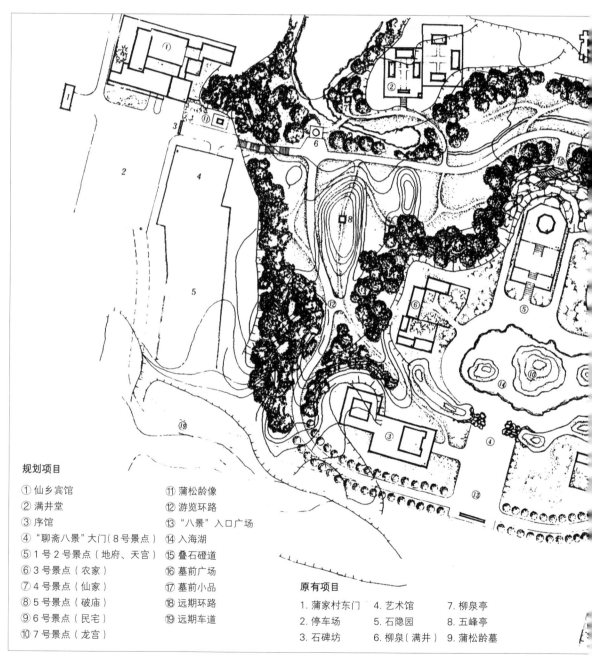

规划项目

① 仙乡宾馆

② 满井堂

③ 序馆

④ "聊斋八景" 大门（8号景点）

⑤ 1号2号景点（地府、天宫）

⑥ 3号景点（农家）

⑦ 4号景点（仙家）

⑧ 5号景点（破庙）

⑨ 6号景点（民宅）

⑩ 7号景点（龙宫）

⑪ 蒲松龄像

⑫ 游览环路

⑬ "八景" 入口广场

⑭ 入海湖

⑮ 叠石磴道

⑯ 墓前广场

⑰ 墓前小品

⑱ 远期环路

⑲ 远期车道

原有项目

1. 蒲家村东门

2. 停车场

3. 石碑坊

4. 艺术馆

5. 石隐园

6. 柳泉（满井）

7. 柳泉亭

8. 五峰亭

9. 蒲松龄墓

图2　柳泉风景区规划

景区是墓园与"聊斋八景":这一区地处沟壑区南侧,高出沟底10余米的大片农田,三面临沟,南面与其他农田相连,占地60000平方米。这片农田的东部是蒲松龄墓园,翠柏成林,有墓冢碑亭各一座。规划对坟墓和墓园慎加修葺,并适当扩大墓园范围以加强其纪念性,占地10000平方米,其余的50000平方米平地是规划的"聊斋八景"。在这里进行成片的旅游建设,不仅因为地势开阔,更重要的是它高踞沟坎之上,对柳泉其他的历史自然景观有相对独立性,不致造成新旧景观的相互干扰。

"聊斋八景"系以《聊斋》故事为主题的中国园林式"迪斯尼"游乐园。根据蒲学专家山东大学马瑞芳教授的指点,从《聊斋》近500个故事中概括出若干典型环境。一个景点表现一种典型环境,一个《聊斋》故事,亦可集中表现同类环境的几个故事。表现的手段可采用电动偶像、蜡像、泥塑、陶瓷塑、绘画等多种形式。规划设计的八景有:

1. 狐仙山:以狐仙的石刻与假山

石结合，组成独具一格的"聊斋八景"入口。

2. 地府天宫：可布置的故事如《席方平》、《续黄粱》、《李司鉴》、《李伯言》、《白于玉》等。

3. 农家：可布置的故事如《黄英》、《墙头记》。

4. 仙界：可表现的故事如《仙人岛》、《西湖主》。

5. 庙宇：可表现的故事如《聂小倩》、《陆判》等。

6. 宅第：可表现的故事如《画皮》、《细柳》、《连锁》等。

7. 龙宫：可表现的故事如《罗刹海市》、《晚霞》等。

1～6 各景点均围绕一个象征大海的人工湖布置，龙宫的入口则在海中的岛上，故将人工湖命名为"入海湖"。"地府天宫"在八景中规模较大、层数较高，位于用地北边凸出的高地上。规划将其主体亭阁置于蒲家村东门和石碑坊形成的东西轴线上，使其对游人具有引导作用。同时这组建筑与八景大门所形成的南北轴线构成八景建筑群的主轴。这条轴线的方向平行于蒲松龄墓园的风水线，从而使"聊斋八景"与历史建筑布局溶融在一个有机的结构之中。在"八景"大门外西侧设有"序馆"，这里向游人提供介绍蒲松龄和《聊斋》的电视、电影、书籍、绘画、书法以及其他纪念品，同时设有问讯、小卖、厕所等公共服务设施。

柳泉风景区现在仅有村东门至艺术馆门前的铺装道路，其他均为行人踏成之自然土路。规划从艺术馆东北侧的大石阶开始经柳泉古井、南折穿过"五峰"所在自然林地，逐渐上升到"聊斋八景"南围墙外，直达"八景"入口，向东通至蒲松龄墓前小广场，北折下台阶转入沟壑区东端，顺沟又回到柳泉西侧之大台阶。此为风景区的步行游览环路，连接着三个景区，再由支路通达不同的景点。在"八景"景区之内沿"入海湖"设一小环路。大小路面一律采用石板铺装。将来风景区进一步发展，可直接从蒲家村停车场南侧另修汽车路直抵八景入口和墓园。规划这段车行路长约 1000 米。

规划设计的建筑共有仙乡宾馆、满井堂、序馆、八景诸点共九个子项。其中宾馆与序馆是淄川地方风格与现代化设施相结合的建筑，外观为青砖青瓦、白墙，内部装修可用现代材料；满井堂是根据遗址资料重建；"八景"的建筑都是根据《聊斋》描写的情景设计。如故事中对环境未加叙述，则一般均按淄川地区传统做法进行建筑处理。凡是封闭型大空间，如地府、龙宫等，室内均不作装修，由布景工艺设计师进行内部设计。本次规划设计一并提供了地府天宫及仙乡宾馆的建筑设计方案。

柳泉风景区的绿化根据三个景区不同的性质各具特色。在"村东门"主要在停车场、道路边种植行道树和花池、绿篱。宾馆内庭院作细致的园林处理。"沟壑区"保留现有质量较好的树种，去除杂树，增加春花秋叶的树种，除道路外全铺自然草皮，陡坎进行垂直绿化，在这一区务求保持村野的自然情趣。墓园内修整柏树，墓园外增种 20 米宽一圈松林，以提高墓园庄严程度。"聊斋八景"内，场地满铺耐寒耐旱的草皮。各景点内外按其故事环境配置绿化。"入海湖"周边四季有花、全年常绿。规划在整个风景区内设三座（组）重点雕塑。一是在现有艺术馆对面，建一座蒲松龄俯视柳泉、凝神构思的雕像。二是在"聊斋八景"大门的假山上设成组的狐仙雕像作为"八景"的标志。三是在蒲松龄墓朝向洪山的风水线上设一座纪念性的雕塑小品，以加强墓园的总体气氛。

这个规划完成于 1991 年 9 月。写这篇文章时已开始第一期工程的兴建工作，预期在 1992 年秋季投入使用。蒲松龄先生的后人弘扬"蒲文化"信念之坚、办事效率之高实在令人钦佩。

历史的演义
——长生殿景区的规划设计

　　长生殿景区位于骊山西秀岭第三峰。出华清池开阳门西折，经佳境门盘山而上，过三元洞即达此区。长生殿景区是骊山风景区之中距华清池最近的高山风景点，景色幽美，视野开阔，既得高爽俯瞰之利，又有近临平川之便。盛唐华清宫在此经营的一批著名建筑虽已荡然无存，但却流传着许多动人的历史故事，至今为中外人士所向往。为了开发骊山旅游资源，吸引游客登山游览，长生殿景区已列为近期建设的重点工程，所以它的规划设计既要有考证研究的基础，又必须顾及近期建设的现实条件。

　　作为一个著名的历史风景区，它的规划设计首先必须尊重和保护文化历史遗产及其人文环境和自然环境。所有的旅游设施要与骊山的历史传统相吻合，与骊山风景区大环境相协调，并做到成景得景，为之增色。长生殿景区新增的旅游设施均以唐华清宫为主题，创造一处具有唐代离宫别馆特色的游览环境，活动内容寓知识性、趣味性、艺术性于一体，有较高的文化层次，又老幼皆宜、雅俗共赏。

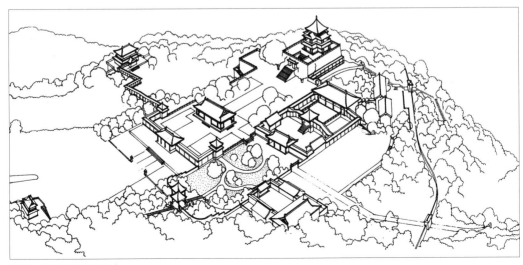

图 1　长生殿景区鸟瞰

　　当然，作为旅游建筑，在考虑环境效益、社会效益的同时，还必须保证经济效益，这就要求规划设计既要保证质量又要详细地比较投入产出，有利于经营创收。

　　在进行总体布局之前，大量的考证和深入的研究工作是本次规划设计的先导，这项工作是与当地文物考古部门共同进行的，通过现场踏勘，核实文献资料，再以唐代宫殿建筑的制度相对照，首先确定了长生殿景区主体建筑朝元阁的位置与型制，其他建筑依次类推。由于历史久远，建筑遗迹无存，最后决定长生殿景区的仿唐建筑不宜走复原的路子。换言之，不是写历史，而是写历史演义。以朝元阁为例：历史记载殿在骊山西绣岭第三峰，即现"老君殿"址上，其东厢房南墙有清文宗咸丰五年"重修朝元阁碑"，《贾氏谈录》记载朝元阁"在北山之上，基址更为崭绝，次东即长生殿"。结合现场勘测，证明了朝元阁的准确位置，而其建筑形象无遗迹可循，目前所掌握的只是有诗为证了。唐钱起《奉和圣制登朝元阁》"六合纤元览，重轩启上清"；唐权德舆《朝元阁》"僚垣复道上层霄，……空余台殿照山椒"；宋程懿叔"朝元高阁冠层巅"；明章元应《至老君殿》"朝元阁上五云高，至今白玉留遗像"。通过诗词的描述使我们得到如此的印象：朝元阁的位置在北山之巅，是一座高台之上的重轩建筑，其殿内有白玉雕像，阁下边是华清宫的缭墙和复道，登临此阁视野开阔，元览六合。这无疑为建筑设计提供了许多可信的边界条件。《长安志》记载"长生殿，斋宫也，有事于朝元阁即斋沐此殿"，说明了长生殿是皇帝朝拜朝元阁老君时斋沐之寝殿，在这一区无论建筑的性质，还是造型的特征，朝元阁都是主景，但由于长恨歌中一句"七月七日长生殿"才使这座斋宫在后世独享盛名，以至于今天我们规划设计这一景区仍然以长生殿命名。根据文献，这一区还有明珠殿、百僚厅、望京楼、羯鼓楼等建筑物，历代诗词中也有一些文字描述了这些建筑所处的位置以及它们的特征。吕大防、李好文所勘察绘制的"唐骊山宫"图之中，对这一区主要建筑的形象及相互关系也极有参照价值，不过由于图幅甚小，往往是以一座建筑来代表一组宫殿。

我们据此设置了景区之中的许多旅游项目。

长生殿景区诸景点集中在西绣岭第三峰山头部位约一公顷的基地之上。建筑布局集中紧凑，庭园绿化穿插其间，登山磴道自北向南从景区通过，南部已有简易公路连通。按历史传统与用地条件，景区主体建筑以面南布局为主，兼顾其他

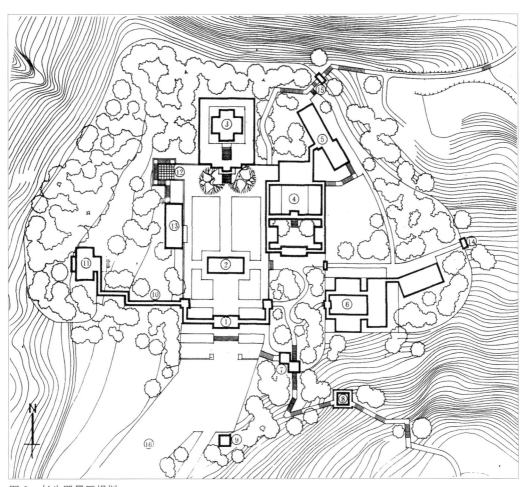

图2　长生殿景区规划
1.南门　2.明珠殿　3.朝元阁　4.长生殿　5.荔枝楼　6.百僚厅　7.连理亭　8.羯鼓楼　9.钟楼　10.爬山廊　11.望京楼　12.集灵台
13.公厕　14.东门　15.北门　16.停车场

方位。首先，以钟楼、南门、明珠殿、朝元阁，从南向北依次布置构成景区的主轴线。朝元阁筑于台上，既是景区的制高点，同时也形成骊山西绣岭的标志性建筑。在朝元阁以东，连理亭、长生殿、荔枝楼从南向北依次布置，构成本景区第二条主轴线。与两条主轴线相呼应，东有百僚厅，西有望京楼，南有羯鼓楼，北有集灵台，成众星拱月之势。主体建筑院落布局，陪衬建筑因山就势，均组织在景观轴线之内，保持宫廷建筑严整的格局。绿化按照山区、景区、庭院三个层次布置，原址古树全部保存，大部现代绿化均利用或移栽利用。

在长生殿景区中，规划安排多种系列的旅游活动，可组织仿古表演、化妆参与、纪念购物等。如朝元阁一层保持供奉活动，二层可登临观赏，高台之中布置陈列，展出唐皇贡奉老君轶事；长生殿为蜡像馆，展现"长生殿"历史故事诸情节，连廊中布置历代有关诗词的碑刻，亦可以开展古典化妆摄影和出售诗画。结合现代旅游的要求，百僚厅为餐馆，将成为骊山西绣岭的餐饮中心。望京楼为茶舍，荔枝楼为综合服务部。由于长生殿景区在骊山上相对独立，管理集中，有条件像美国古都威廉斯堡那样组织仿古旅游，加之唐代历史故事丰富多彩，中外人士喜闻乐见，可以成为骊山风景区之中很有特色的旅游热点。因此，规划了合理的环境容量，并相应地配置了停车场以及供水、排水、供电、避雷、防火等公用设施。

为了满足建设的需要，长生殿景区在规划的同时提出了各项技术经济指标和估算，并提出了开发建设的实施步骤。

中和殿　　　太和殿　　　　　　　　　　　　　　　　　　　　　　午门

思考篇

真理是在漫长的发展着的认识过程中被掌握的，在这一过程中，每一步都是它前一步的直接继续。

——黑格尔

继承发扬 探索前进
——对建筑创作中继承发扬建筑文化
民族传统的几点认识

建筑是一个时代的缩影。我国建筑文化具有悠久的民族传统，遗产极为丰富。半个世纪以来，老一辈建筑师对在现代中国建筑创作中如何继承和发扬民族传统的问题进行了艰苦的探索，取得了宝贵的经验，推动了理论和实践的发展。20世纪80年代我国社会主义建设进入了一个新的历史时期。在振兴、改革、腾飞的社会潮流激荡之中，我国建筑界创作思想空前活跃，越来越多的建筑师把继承和发扬我国建筑文化民族传统作为创造具有中国特色的现代建筑的重要途径。就这个题目，我想谈几点粗浅的认识。

一、对建筑文化民族传统的认识有一个不断深化的过程

如果从20世纪30年代，以梁思成先生为首的老一辈建筑师成立营造学社研究中国古典建筑，吕彦直建筑师设计南京中山陵、广州中山纪念堂，为中国建筑师在现代建筑中继承发扬民族传统的早期探索，到今天，可以说这一探索始终处在由表及里、由浅入深、由偏而全的认识过程之中。以往，对传统研究的重点在于古典建筑表现出来的形式和风格，目前则是转向对传统空间意识、美学意识等本质上的发掘，以及对规划设计进行实质性的探索研究。

20世纪20年代概括我国古典建筑七大特点：以宫室为主体、左右对称的布局、三段式立面和曲线屋顶、精巧的装修、寓意丰富的纹样、强烈的色彩以及木结构和特有的斗栱。这些大都属于形式和风格的研究。

20世纪50年代梁思成先生的论述已涉及设计和空间的探讨。他指出"工程结构和建筑丰富的美感有机地统一着，是我们祖国建筑的优良传统"。他说："我觉得西方的建筑就好像西方的画一样，画面很完整，但是一览无遗，一看就完了，比较平淡。中国的建筑设计，和中国的画卷，特别是很长的手卷很相像：用一步

步发展的手法，把你由开头领到一个最高峰，然后再慢慢地收尾，比较的有层次，而且趣味深长。"他还强调："我们必须先研究我国的建筑遗产，掌握了它的规律，熟识了它的许多特征，在创作中加以灵活运用。""不掌握规律，不精通，不熟悉，只是得到皮相，或生吞活剥地临时抄袭和硬搬，就难有成就。"

20世纪60年代由刘敦桢先生主编的《中国古代建筑史》对中国古代建筑的特点作了更为系统的概括，指出建筑的功能、结构和艺术的统一是中国古典建筑的特点之一；又指出，由单座建筑组成庭院，进而以庭院为单元组成有层次、有深度的空间序列，只有自外而内，从逐渐展开的空间变化中，方能了解它的全貌与高潮所在；指出传统的室内装饰始终是同房屋结构、家具、字画陈设等作为一个整体来处理；指出在建筑色彩方面，宫殿、庙宇使用强烈原色，色彩的对比和调和积累了不少经验，而大量的民居则运用素色与自然环境相协调，形成秀丽淡雅的格调。这本著作对中国古典园林、民居、城市以及工官制度都作了论述，并开始从设计理论上进行分析。

20世纪80年代，在"对外开放、对内搞活"的形势下，我国建筑工作者，开始运用现代的建筑观点和理论来分析中国古典建筑设计问题，特别是运用中外建筑对比的方法阐述其异同。进一步认识到强调中轴线的思想来自很深的民族意念；建筑艺术内容的表达并不限于各种静止的形象，布局中程序的安排是中国古典建筑设计艺术的灵魂。比起那些斗栱和彩画来，中国古典建筑的群体构图和空间艺术的基本规律更具有强大的生命力；中国古典建筑考虑"人"在其中的感受，更重于"物"本身的自我表现。这种人文主义的创作方法有着我们民族深厚的文化渊源；中国园林建筑是凝固了的中国绘画和文学。它以意境为创作的核心，使园林建筑空间富有诗情画意。我国传统造园的立意、布局和手法已在国内外现代建筑创作中被广为借鉴。

应该说，在这个阶段我们的认识深化了。在深入地学习我国建筑文化中，中国建筑师看到了像群体组合、内外空间结合、建筑与环境结合、建筑与室内陈设诗画雕塑的结合等这些优秀的传统正是西方现代建筑家所刻意探索的领域。同时中国建筑师在系统地研究现代建筑中，也找到了和正在寻找着它与民族传统的交汇点和结合点，从而解放了思想、开阔了眼界，进一步认识到我国建筑文化民族传统有着无比丰厚的宝藏，并坚信它的发掘、提炼必将在现代中国建筑的创作中发挥巨大的光辉和能量。

二、继承和发扬建筑文化民族传统的途径是多方位、多元化的

我国是一个幅员辽阔的国家。社会主义建筑的地区差异十分明显。再加上各地气候、地理、风土、人情各不相同，在不同条件下进行建筑创作，对民族传统的运用必然是各取所需、各用所长。看看北京、广州、上海三个城市就能理解到多方位的探索途径。北京的历史传统，首都的中心位置使它强调城市的中轴线和向心性，讲究建筑的对称和均衡。在紫禁城金瓦红墙的映衬下，它又注重色彩的运用和主次呼应。由于保持古都风貌和强调民族传统，北京的重大建筑普遍以造型民族化见长，从 20 世纪 50 年代起，在大屋顶、小屋顶、盝顶、简化古典等形式上作了多方面的探索。其探索途径可称之为"由外而内"。广州比之北京别有异趣。它充分利用河港城市的自由布局、岭南四季如春的环境条件，取法于我国古典园林的空间处理，使建筑内外空间流畅豁达，常用流泉花木点缀其间，一派南国风光。它的探索途径可谓之"内外结合"。上海大型公共建筑室内设计发挥了信息灵敏、工艺精巧的特长，将传统工艺与现代设计相结合，把建筑空间、装修、家具、陈设作为一个整体来处理，构成了中而新的室内环境。它的探索途径可称之为"由内而外"。

分析一下近几年的优秀设计，我们可以看到继承和发扬民族传统在设计构思

与表现手法上也是多元的。有的在建筑创作中以某种"法式"为原型进行再创造，以令人信服的建筑形象装点了富有历史情趣的山水环境，如黄鹤楼；有的在建筑创作中深入研究传统建筑的造型特征，加以提炼概括，恰当地归纳和运用"传统符号"，如西单商场竞赛中选方案，从而创造了既有传统又很新颖的建筑风格；有的重视与环境的结合，以恰当的体量、色彩、材料、选型，使建筑物新旧有别而又协调融洽，从而体现了当地特有的风貌特色，如武夷山庄；有的深入领会当地人民生活特点，以传统的空间序列和园林化的院落布局方式与山水环境相结合，安排现代生活，又适当利用地方材料，创造了功能合理而又为人民喜闻乐见的活动场所，如香山饭店。有的在现代化建筑中恰当地运用传统的园林化空间和建筑装饰，于细微处见精神，起到画龙点睛的作用，如白天鹅宾馆、龙柏饭店。所以说从形似到神似，从整体到局部处处皆可入手。

　　建筑师的设计实践无不是在许多前提条件的制约下进行的。首先，建筑是为满足社会需要而建造的。建筑师一般都得按设计任务书来设计。大型公共建筑、纪念性建筑对社会生活有重要作用，要由领导拍板定案。经济性的建筑要由投资者、经营者考虑是否赢利然后定案。古今中外莫能例外。这是社会的前提条件。工艺提出他们的程序，管理部门提出他们的法规和规范，这是理性的前提条件。材料、施工、各工种的配合，这是技术的前提条件。投资的多少是经济的前提条件。在这些前提条件的基础上，建筑师以自己的设计构思和表达方式提出相应的空间形态，这才是我们创作的设计方案。所有这些因素都是错综复杂相互关联的。它们构成了建筑创作的基础和背景。不同的建筑、不同的环境、不同的时期诸因素各有侧重。一个建筑作品几乎总是产生它的那些因素互相融合、权衡的结果。对于体现传统文化的要求也是随条件不同而方面不同、程度不同的。同时，我们又要看到，在同一前提条件下，不同的建筑师进行创作，由于他们的建筑观不同，创作哲理不同，文化素养不同，思维逻辑不同，在设计上就既可能有高下文野之分，也可能各有千秋。

自从 20 世纪 50 年代"全面学苏"以来，我们建筑界形成了一种"一元化"的创作思想，这种"一元化"往往把建筑创作简单地归结为某一种形式而具有很大的排他性，非如此则不"民族化"、不"社会主义化"、不"创新"、不"现代化"。现在越来越多的建筑师认识到了这种"一元化"的、非此即彼的创作思想是不对头的。不论是用以指导创作，还是以此评论创作，其结果都将是"千篇一律"而不是"百花齐放"。冲破"一元化"的禁锢，进行多元化、多方位的探索，"古为今用"、"洋为中用"，"古今中外一切精华皆为我用"，我们的创作道路才会越来越宽阔。

三、为人民创作现代中国建筑是当代中国建筑师的崇高职责

现代中国建筑要发扬民族文化、注重地方特色、强调时代精神，我们所追求的是三者有机的结合。不论对于我国建筑文化民族传统，还是对于外来的现代建筑的理论和实践，借鉴它们的发展途径，比之引用它们的形式要重要得多。实践已经证明，就形式谈创新是得不到什么结果的。如果把追求西方新建筑的表面特征当作"时代精神"；如果把我国古典建筑的外部形式当作"民族传统"，那么两者的结合的确十分困难，甚至常常是互不兼容的。但是，如果我们从西方现代建筑和我国传统建筑的精神实质来分析研究，我们就会看到它们并不是绝对互相排斥，并不是一定要"你死我活"。它们之间有着许多相通之处。它们的结合点与交汇点往往正是创新的萌发点。

有一种观点认为，现代建筑的发展注定了要走"国际式"的道路。民族传统如果不是前进的反动，至少也是用之鲜少、可有可无的。其实，这是一种早期现代建筑运动的偏见。布鲁诺赛维说得好："现代建筑经过了 20 年来功能主义的发展，已经把一个半世纪之前的科学和技术推进到现代化的水平，现在正在进行扩大和人文化。这不是一种浪漫主义的反动，而是经历着科学思想的正常发展过程。如

果说功能主义为建筑标准化和工业化进行了英勇的斗争，那么有机建筑则看到人类是有尊严、有个性、有精神意图的。"重视传统、探求自己的民族特色也是当今国际建筑界的主要思潮之一。现在许多国家的建筑师都反对不讲地区条件的"国际化"建筑，认为"建筑必然要具有地区特色。工艺技术的发展不可能排除地区的文化传统"，认为建筑师的任务是要"促进和重新活跃本国特殊的文化价值"。最近几年大量的国外建筑实例反映了这一动向。一些现代建筑大师，在不同国家进行创作，都尊重当地文化传统而刻意求其结合。

我们的国家正处在民族振兴、腾飞的新时代。社会主义物质文明和精神文明的建设是这个时代的重要标志。一个 5000 年文化、10 亿人口、960 万平方公里版图的伟大国家、伟大民族，在他自立于世界民族之林的时代，不继承发扬自己的文化传统是不可想象的。当前，我国各城市、各地区的领导和广大群众十分关心自己城市的风貌，认为这是社会主义两个文明在环境建设上的反映，他们希望反映自己的传统和特色，这绝不是什么复古主义，而是这个民族有尊严、有个性、有精神意图的表现。这是一种推动我们民族历史发展的社会主义思潮。既然我们都承认建筑是一个时代文化的缩影，既然我们都意识到建筑师的社会责任，那么让我们主动自觉地顺应这一历史潮流，进而积极地领先潮流，为创作具有中国气派的现代建筑继承发扬、探索前进，作出我们应有的贡献吧！

（此文发表于 1986 年《建筑学报》第 2 期）

城市文化孕育着建筑文化

20世纪80年代茫茫的西北高原上，回荡着弘扬民族文化的壮丽乐章。"秦俑魂"、"唐乐舞"、"黄土地"，这些扎根民族文化、打向世界艺坛的作品使中外为之瞩目；西安的国画界继赵望云、石鲁为代表的"关中画派"之后，中青年画家推出一大批外观古拙而意蕴新巧之作；刚刚落成的大型城雕"丝绸之路"将现代构图与汉唐风格融为一体，形成了丝路起点的标志；西安的环城建设古今兼顾、综合治理，使古都风貌展现出新的光彩。作为生活在古都的建筑师，我们也奉献了一些具有民族传统建筑文化的作品，加入到古都传统文化复兴和再创造的行列里来。

在这座有3100年城龄的古都作设计，既要保持古都风貌，又须创造西安新貌。保护与建设、继承与发扬构成了建筑创作的多元化背景。设计构思往往是沿着千年文化的脉络上下求索，而我着意突出唐风。我认为再现历史上某一时期的时代风貌和社会风情是不可能的，也是不必要的。正基于此，当6年前我设计的青龙寺空海纪念建筑在乐游原上落成时，并不讳言那是仿唐建筑；而最近在大雁塔旁落成的一组唐风旅游建筑——"三唐工程"，却是着意反映一个博大、辉煌、蓬勃的时代风貌，其中的唐华宾馆已开始超脱了仿古之风，而更有文化寻根之意，可以说半是追怀、半是展望。事实上，有创造意识的人进行文化寻根，其动机在于寻找一种文化走向未来的借鉴。这样来看唐风的追求，如阿倍仲麻吕纪念碑所体现的典雅、亲切的气氛，唐代艺术陈列馆所体现的严谨豪迈的风度，唐华宾馆所体现的朴素明朗、宁静深邃的情调，就都具有了特殊的意义。这里体现的是具有时代意义的历史精神，它有着强大的生命力。

我之所以突出唐风，一则是希图在西安保持盛唐文化的延续性，使地方特色更为突出；再则也是由于唐代建筑的建筑逻辑与现代建筑的逻辑有更多的相近之处。它那舒展洒脱的造型、简洁明确的构造、质朴明快的色彩较之明清以降的传统建筑格调更高，故而也有弘扬本源、涤荡繁靡之意。在现代化与传统的关系上，我力求寻找其结合点，不仅着手于传统艺术形式与现代功能、技术相结合，更着眼于传统建筑逻辑与现代建筑逻辑的结合，传统审美意识与现代审美意识的结合。在反映传统建筑文化上，我主张对古典建筑的艺术特征采用高度概括的手法，可省略、可夸张、可改造，亦可虚构，但绝不作违反逻辑的"变形"。在建筑空间环境的创造上，我追求景观与意境的统一，神形兼备、情貌相融，力求作到雅俗共赏——也可以称之为建筑空间环境的可视性与可思性的结合。

　　然而，我们还有必要从城市高度，用发展的眼光对上述创作的追求作一点宏观的审视。西安是六大古都之首，著名的历史文化名城，80年代以来以旅游业的蓬勃发展为契机，这座内陆城市的经济发展和文化交流出现了历史上的第三个高潮，大大提高了城市在国内、国际的地位。这就自然而然地引起地方领导和各界人士对城市风貌、建筑艺术的关心和期望。一座具有民族传统、地方特色的现代化的文化旅游建筑不但具有较高的经济效益，而且对于城市风貌、文化环境和市民心理都有着积极的作用。因此，是城市文化孕育着建筑文化。与其说是我对唐风的追求，还不如说是对大趋势的顺应更为确切。

　　20世纪80年代中国建筑师对传统的继承和发扬是在改革开放条件下进行的。建筑师的观念较之50年代是有所更新的。这首先表现在对一元化禁锢的突破。人们开始看到，从哲学思潮来说当代城市建设体现了科学主义思潮和人文主义思潮的汇合。在这个汇合点上，物质的与精神的，传统的与革新的，地方性的与世界性的等两极的东西神奇地统一起来了，从而构成了一种洋溢着生命气息和生活朝气的综合美，越来越多的建筑师认识到当代城市景观的最大特征是综合美。这种美具有多元性和多层次性。因此，我认为即使在西安，我所追求的唐风只是多元化创作探索的一种途径。至于对其他风格的建筑，只要其时其地其题适宜，我都予以赞赏。

　　我们正在从就建筑论建筑的狭窄天地中走出来。从城市文化论建筑文化我们的视野会更开阔。实际上这些年我们建筑师都已在开拓自己的活动领域，与姐妹艺术携起手来。我感到我们这一代建筑师不仅要研究建筑的科学性、技术性并在建筑形式上创新，而且还要努力去实现自身文化素养的提高，从城市文化中吸取营养，以促使我们的建筑文化兴旺发达。这也是一种历史责任。

　　（此文在1988年中国建筑学会"建筑与城市"学术讨论会上宣读并获奖，后刊载于1988年《建筑学报》第9期）

传统空间意识与空间美
——建筑创作中的思考

建筑的空间艺术是中国优秀建筑传统遗产的精华，其所表现的空间美多姿多彩。壮丽的故宫、崇高的天坛、安适的民居和充满诗情画意的园林，都充分体现了这方面的成就。传统建筑所表现的空间美是和传统的空间意识分不开的。虽然不同历史时期、不同地区、不同性质的建筑都程度不同地受着功能要求、技术水平、经济条件等的制约与影响，但更深层地起着主导作用的仍在于空间意识。深入研究领会传统的空间意识有助于把握传统建筑创作思想和方法并进而服务于当代。

天人合一

传统空间意识中"天人合一"、"天人感应"的思想在漫长的历史中得到了充分的肯定和发展。在建筑空间上往往表现为"因天时、就地利"，"虽由人作，宛自天开"，肯定自然，顺应自然，在自然中寻找自己恰当的位置和姿态，而不是与自然相抗衡。一部中国建筑历史，大至城市，小至建筑单体，无不如此。《管子·乘马》讲到："凡立国都非于大山之下，必于广川之上。高毋近旱而水用足，低毋近水而沟防省。"《园冶·相地》指出："园地惟山林最胜，有高有凹，有曲有深，有峻而悬，有平而坦，自成天然之趣，不烦人事之工。"即使规模宏大、格局严谨、依照礼制规范兴建的唐长安城，也充分利用了城内的六条高坡布置宫殿、百司和寺庙。不仅严密地控制了都城的制高地段，有利于安全，而且更加突出了这些建筑物的高大雄伟，丰富了城市立体轮廓。这种简捷自然的规划手法是出于对易经六爻的理解。

传统建筑规划设计中崇尚强调自然界整体性及事物之间内在关系的有机自然观，运用易经哲理，讲究阴阳相合、主从有序，从而把人与自然、自我和宇宙加以统一。古人按照他们所理解的构成世界万物的五行相生相克的关系组织空间环境，造成人工与自然、群体与个体、主体与配体融会贯通、统一协调而又气韵生动的效果。传统空间布局之中先立宾主不仅仅是方法，而且是重要的意识。即以相地立基而论，"京都以皇殿内城作主，省城以三司衙署作主，州县以公堂作主，儒学以文庙作主，庙观寺院以正殿作主，绅士百姓以高屋作主，一院同居数户以锅灶为主……"（《阳宅总纲》）就连"园基不拘方向、地势自有高低"的园林之中，也有"凡园圃立基，定厅堂为主，先乎取景，妙在朝南"（《园冶》）的要求。这一系列宾主关系，形成了空间构图的脉络。所以中国建筑讲究在其位、取其势。传统建筑造成的空间美不但顺乎自然、雅俗共赏，而且往往体现出深奥的哲理和严密的逻辑，这与上述的这种有机的自然观是分不开的。

虚实相生

"虚实相生"、"计虚当实"，在传统空间意识中是一个很重要的观念，同时也是中国传统艺术观念。中国画论强调"虚实相生"，要求"无画处皆成妙境"，更重视虚境的艺术表现；书法讲究"计白当黑"，认为空白适当与间架结构有着同等的艺术价值；中国建筑艺术历来就是"计虚当实"、"虚实相生"，不但通过对建筑物的位置、体量、形态的经营有意识地去创造一个与实体相生的外部空间，而且实中虚、虚中实、内外交融，从而构成独树一帜的艺术特征。"虚实相生"的观念在古典建筑中从宏观到微观、从总体到单体都得到充分体现。人们到北京天坛，经过漫长的神道来到祭天的圜丘，三重园台之上不是屋顶，而是一片虚无的天穹。它是把整个宇宙作为自己的殿堂。在这里完全没有金字塔那种在自然中反抗自然的意识，也没有哥特式教堂以技术手段去霸占巨大空间的姿态。相比之下，圜丘是那样无边无垠、空灵博大。中国传统的四合院从命名上就可以认定其建造的目标。无论中国东西南北方四合院如何变化不同，它们同样都是建筑实体与室外空间共生的基本单元。四合院以最高的效能组织了建筑和庭院结合的有机体，创造了能适应多种多样家庭生活的空间环境，经济实惠、私密安适。园林建筑的每一个部分几乎都被赋予吐纳空间的职能。"轩楹高爽，窗户虚灵，纳千顷之汪洋，收四时之烂漫。"（《园冶》）"窗含西岭千秋雪，门泊东吴万里船。"

（杜甫诗）连作为界定的墙，也要通过洞门对景、漏窗借景去摄取外部无限的世界。

中国人之所以如此重视空间，重视虚，那是因为"虚实相生"不但是空间意识中的一个重要观念，同时它也是中国古代哲学的宇宙观念。古人认为宇宙就是阴阳的结合。老子说："有无相生"，"凿户牖以为室，当其无，有室之用。"有室之用是当其无。无即是空间，是虚，是道，即是生命的节奏。正是由于虚实结合、虚实相生，中国的建筑环境就生长在宇宙之中，从而具有了活泼的生命力。

时空一体

传统空间意识中，空间与时间是不可分割的。春夏秋冬配合着东西南北，时间的节奏率领着空间的方位，在中国建筑空间构图中成就了节奏化、音乐化的"时空合一体"。梁思成先生说："中国的建筑设计和中国的画卷特别是很长的画卷很相像，用一步步发展的手法，把你从开头领到一个高峰，然后再慢慢地收尾，比较的有层次，而且趣味深长。"的确，传统中国建筑总是由单座建筑组成院落，进而以院落为单元再组成有层次、有深度的空间序列，只有自外而内人们在运动之中随着逐渐展开的空间变化，方能了解这组建筑物的全貌与高潮所在。中国的古典园林总是按照地形特点把全园划分成若干景区，而每个景区又都有称之谓"景"的风景点。人在其间活动无论从内而外还是由外而内都经历着一种时空连续的发展过程。人对空间内景物的感受随着时间的逐步推移和视点视角的不断变化而节奏化、音乐化了。在其他类型的中国建筑中同样体现出异曲同工之妙。当你在北京故宫沿着那条伟大的中轴线从正阳门向景山走去，当你到佛教圣地山西五台山的寺庙群间观光，当你在关中平原去瞻仰唐高宗与武则天的合葬墓乾陵时，都可以领会到中国建筑千变万化的空间序列所具有的强大魔力。这些人工的或人工与天然结合的空间美都是在时间中加以展开的。在中国的规划设计中组景布局成为行之有效的传统构图手法，而空间布局的序列安排则是传统中国建筑设计的灵魂。传统建筑空间经营中讲究动态系列布局，讲究阴阳刚柔变化，讲究四季晨昏的效果，这样就使空间艺术经过引申和扩展，平添了时间艺术的表现力。

情景交融

中国人于有限中见到无限，又于无限中回归到有限，其意趣不是一往不返，而是回旋往复的。空间在中国人的心目中可敛可放，可流动变化。正如《文心雕龙》中所说："目既往返，心亦吐纳。"陶渊明饮酒诗中所说："采菊东篱下，悠然见南山。山气日夕佳，飞鸟相与还。此中有真意，欲辩已忘言。"就是这种"往返"、"吐纳"最生动的写照。于是在建筑空间艺术创造中出现了"小中见大"、"移天缩地入君怀"、"以景寓情、感物吟志"的意境追求。在古典园林的空间布置中这种追求尤为突出，在艺术创造上达到了无与伦比的高峰。传统建筑中创造意境的手段和途径是多种多样的。如北京故宫纯粹使用建筑语言表现了对皇权至高无上的颂扬。天坛则是用建筑与天空的结合创造了人与太空对话的神圣气氛。而在园林建筑中往往借助块石、勺水、植物乃至匾额来充实和装点空间，创造更为深邃、曲折的诗情画意。

意境的创造要把握两点：一是"意在笔先"。先构思再画图，画图过程中再深化构思。清代王原祁说："意在笔先，为画中要诀。""若无定见……逐块堆砌，扭捏满幅，意味索然，便成俗笔。"可见，有无立意或立意之高下实在是雅与俗的分水岭。一些现代建筑"味不够、山水凑"，其弊病就在于此。二是景观与意境的统一。中国山水画和园林历来要求"可望、可行、可游、可居"。对于当今的建筑创作来说，尤其要立足于生活。"可居"、"可行"而后"可游"、"可望"。景观从形式美引起快感的谓之"画境"。只有当景观能使人触景生情的才能升华到"意境"的层次。因而景观与意境的统一才是建筑艺术创作的最高标准。

中国传统建筑所表现的空间意识至今生命力犹存。按照传统空间意识所塑造的节奏化空间，较之一般建筑空间更富有哲理性和人情味。在建筑创作中传统审美意识与现代审美意识的结合"空间"是一个重要的领域。这还有待我们深入本质的研究和更为灵活的运用。

（此文于 1989 年 11 月在曼谷举行的中国第三次建筑学术交流会上宣读，后刊载于 1990 年《建筑学报》第五期）

传统建筑规划设计的形势法则

中国俗语说："天下名山僧占多。"这确是一个普遍的现象。人们看到：无论深山密林、悬崖峭壁、高山之巅、曲水之隈，寺庙都居于一个既安全适用又优美宁静的地形环境之中；寺庙建筑又总是那样依偎着自然、装点着自然、与自然融为一体；寺庙建筑本身又都具有高度艺术性的室内外空间组合。这不由使人感到这些建筑在相地定点、规划布局、建筑设计之间存在着一种严密有机的关系。其实，这种现象不仅体现在寺庙。中国传统的各类建筑在选点、布局、空间形体组合上莫不如此。有这样成功的实践必有其卓越的理论和方法。这正是几代建筑学子孜孜以求的东西。建筑专著、史书、杂记、画论、诗词、小说……人们尽其所能地从不同的方位追寻着真谛，但偏偏回避着一个禁区——风水。而事实上这里却记述着贯穿于传统建筑营建活动始终的理论和方法。以面向现代的立场研究传统，我们应该抱着科学的、审慎的态度去打破这个禁区一窥究竟，和对待其他民族遗产一样取其精华、去其糟粕。对近年来海外由于种种原因所形成的"风水热"姑且不论，国内亦有一些中青年学者勇敢地迈出了这一步，取得初步的成果，是非常可喜的。笔者初一涉足即感受颇深，认为至少从城市环境、建筑景观的角度来看，风水中的形势法则即有着高度的现实意义。

自然环境的观察

形势法则是中国风水理论的一个重要部分，本来是观察、选择和利用山水环境的理论，但也推而广至指导建筑群体的规划布局和空间形体设计，因而形势法则是我国传统建筑活动中一项起着重要作用的法则。

"形势"是人们将对于环境景观中空间体形高低、大小、远近、离合的视觉感受综合概括出来的概念。"左右前后兮谓之四势，山水应案兮谓之三形"，"远为势，近为形；势言其大者，形言其小者"，"势可远观，形须近察"，"势居乎粗，形在乎细"。可见，在实际进行勘察时，"势"是指地形起伏的形态，是地形各部分相对关系宏观的整体概括，"形"则指局部地貌的具体形状。

怎样观察地形？中国风水学派很多，方法也就多而庞杂，不过原则都是由大到小、由粗到细。即所谓"有势然后有形"，所以"欲认三形，先观四势"。在不同的地区，观察的重点各不相同。

"山地观脉，脉气重于水；平地观水，水神旺于脉"，"山地以山为主"，"平洋以水作主"。就以看山为例，风水称"觅龙"。"地脉之行止起伏曰龙"，"指山为龙兮象形之腾伏"，"借龙之全体，以喻夫山之形真"。"龙脉"即山脉，以象"人身脉络，气血之所行"。所谓"寻龙捉脉"、"寻龙望势"就是指勘察地形把握总体势态。按照"寻龙先分九势"说，即有"回龙、出洋龙、降龙、生龙、飞龙、卧龙、隐龙、腾龙、领群龙"九种。这是对耸秀峭峻、蹲踞安稳、脉理淹起、稠众环合等各种地形特征的概括分类。另外还有"五势"说：按龙脉的不同走向分正势、侧势、逆势、顺势和回势。这些都是通过形象的分类，便于人们更好地把握地形特征。中国民间更凭直观将山比作各种吉祥物，如狮、象、龟、蛇、凤等，甚至还有作拟人化的比喻提出"相山如相人"等说法。实际上这些隐喻反映出古人比拟山川具有灵性和生命，以建立人与自然之间的有机关系，由此确定人在自然界的居住地位。这既合乎中国人特有的对某些动物的崇拜心理，也反映了"天人合一"、"以天地为庐"的宇宙观。至于选择地形的好坏标准当然首先考虑功能上、安全上、经济上等因素，但从精神上、美学上则要求"来龙要奔驰远赴"，一般总要求来龙去脉清晰、长远，层次内涵要深广，即"势远形深者，气之府也"。这句话概括了功能、心理、艺术上的要求标准。

建筑与山水

形势法则对在传统建筑营建活动中如何处理建筑与自然的关系有着明确的指导作用。"人之居处宜以大地山河为主"，对于帝王陵寝也是强调"遵照典礼之规制、配合山川之胜势"，更有明确提出"宅以形势为身体"的。这一形象化的提法具有两层含意：一是建筑的营建要顺乎自然形势，二是其建筑空间体形组合还要体现形势的特点。近水的建筑布局要曲，倚山的建筑布局要峻，山环水绕的地方布局要幽。总之，建筑布局要顺乎并加强自然形势的特色，而不是凭建筑师的主观愿望去"改天换地"。在中国的传统观念中人工的建筑与自然的山水融为有机整体者方为上品。这方面的优秀作品极为丰富，从宫廷建筑、风景园林、寺观宅院到民间村落，可以说比比皆是。许多国画形象地反映了这一有机自然观的理想境界（图1、图2）。中国人对理想的山水环境和理想的建筑环境有着共同的审美意识。如果我们将那些高大屋顶看作是一个个的峦头，那就会发现它们的布局与理想的山水环境多么相似。无怪乎中国传统屋顶样式的名称都缀以山字，如悬山、硬山、歇山之类。最近我在广西桂北考察了侗族、壮族民居村落，这些"没有建筑师的建筑"倚山形、就水势，坐落在云雾山中，恰似一幅幅青绿山水，令人赞叹不已（图3～图6）。反观我们当今有些"风景建筑"如蛮牛入屋一般，在山水环境之中左冲右撞大煞风景。这说明我国传统风水理论中的形势法则是值得我们发掘整理并加以继承发扬的，它可能是一剂专治现代建筑忽视环境景观的中草药。

形与势

风水的形势法则还包括对于"形"和"势"之间辩证统一相互关系的许多精辟论述。学习这些论述，结合对传统建筑空间布局的分析，将会使我们认识到以建筑群体的宏观效果为"势"，单体的形式为"形"，在规划设计中将形势法则加以运用是很有意义的。"有势然后有形"，"形乘势末"，"形以势得"。在这里"势"既可理解为建筑组群外形的总体效果，也可以理解为组群内部各单体之间空间形体关系造成的综合环境效果，因而"势如根本，形如蕊英，英华则实固，根远则干荣"。其间不但讲了"形"之于"势"的从属关系，还进一步强调

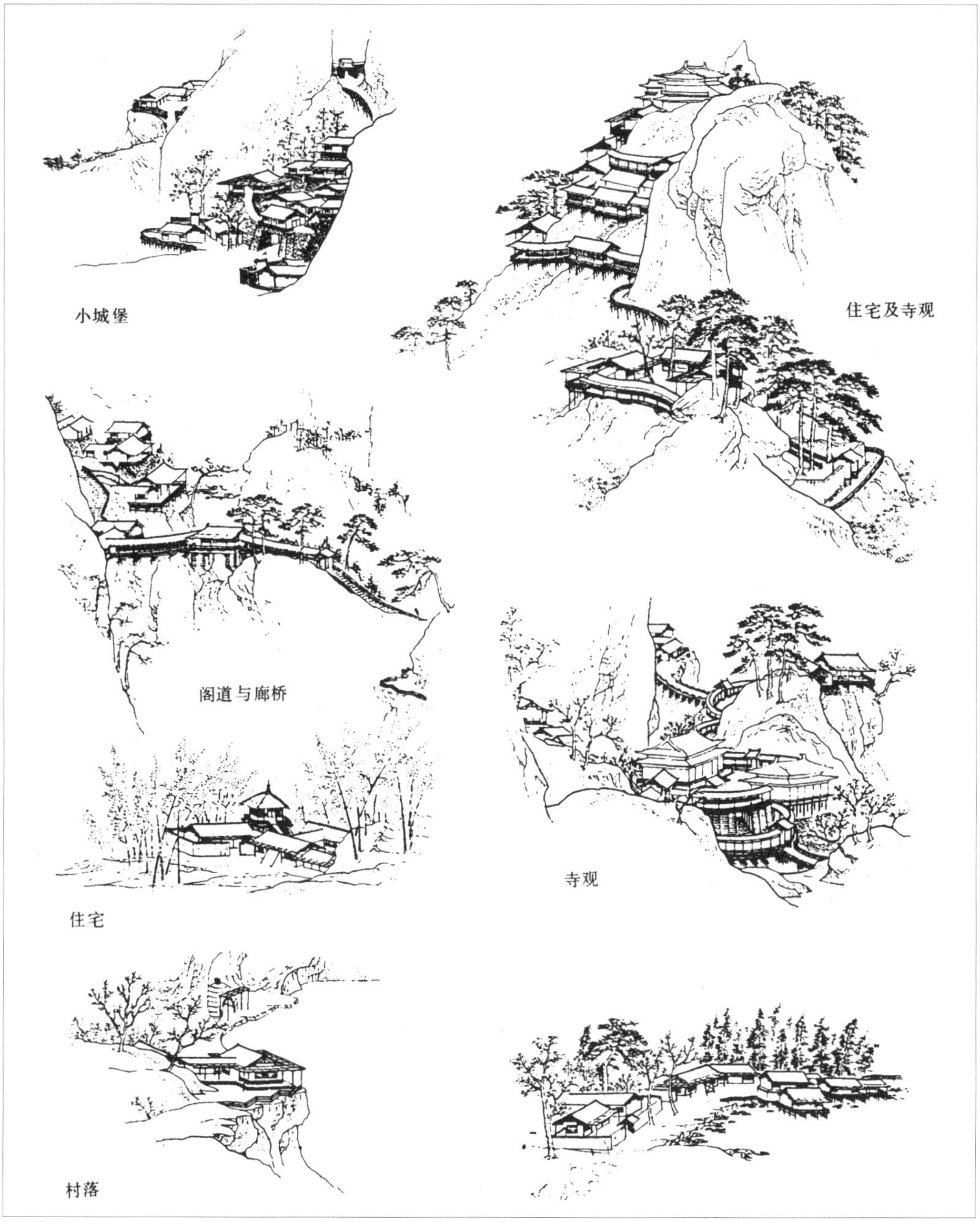

图1　南宋赵伯驹《江山秋色图卷》中的建筑

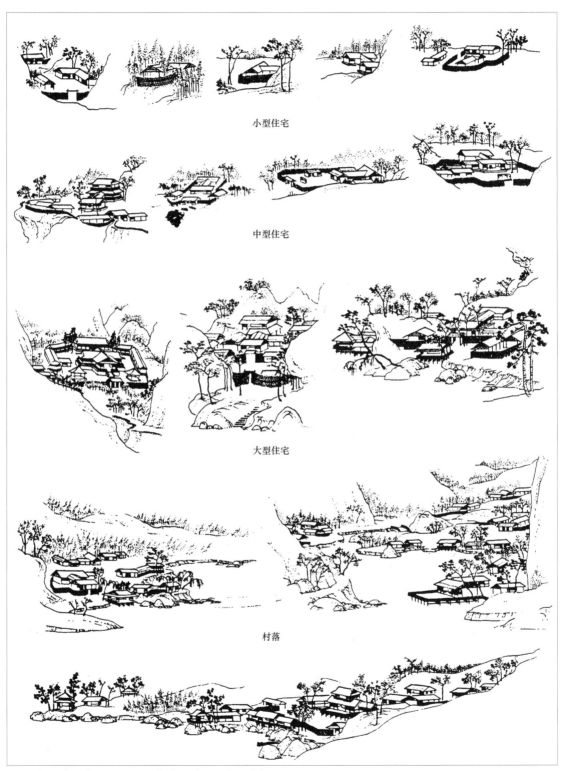

小型住宅

中型住宅

大型住宅

村落

图2　宋王希孟《千里江山图卷》中所表现的宋代住宅

图3　金竹寨环境

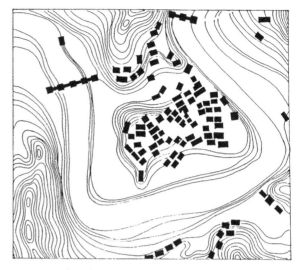

图4　马安寨环境

图5　金竹寨一瞥

图6　马安寨远景

了"形"对于"势"的能动作用。"形者势之积，势者形之崇。"它告诉我们在群体布局中不但可以"积形成势"，而且能够调动各类造型因素"众巧形而展势"。由此我们才能真正领会到在中国建筑群体布局之中一洞桥涵、一座牌楼、一片影壁、一组台阶为什么都那样贴切。这是因为它们在总体中都是"成势"或"展势"所必不可少的因素，是经过通盘经营而造就了的。形势法则还指出了"无形而势，势之突兀；无势而形，形之诡式"这些应该避免的弊端。

"形"与"势"还有着动态的转换关系。在一个周密安排的空间序列之中应该达到"形乘势来"、"势止形就"、"形结势薄"的效果。这反映了人在序列之中观察远景、中景、近景时对"形"与"势"感受的变化：在远景中人们看到"形"乘"势"的衬托开始展现出来；在中景时"势"的主导作用已经让位给单位清楚的形象；作为近景，单体的"形"全部吸引了人们的视线，而对"势"的印象就相应淡薄一些了。这种按照三个层次考虑主导因素，在景观设计中突出重点从而强化环境气氛的见解在现代环境设计中是应当充分吸取的。应该说形势法则科学地反映了中国建筑规划设计中进行动态景观控制的本质特征。

在传统建筑实践中形势法则几乎贯彻于每一群体的选址、规划设计及营造活动的始终，因而传统建筑往往在群体空间组合的远、中、近的景观组织以及在步移景移中的动静变化和相互转换等方面艺术处理极富巧思，有很高的成就。至今保存完整的北京故宫（图7、图8）、颐和园、清泰陵、明长陵以及坐落在大江南北的许多名刹古寺，其山水环境的选择及建筑群体空间组合的艺术处理都是比较典型的例子。特别是建筑群体外部的引道、入口和主体群组轴线安排的空间序列都十分精彩，不乏令人惊叹的神来之笔，取得了艺术上的莫大成功。

中国传统建筑绝大部分是由一组或者多组围绕着院落的房屋构成的建筑群。在大型建筑群中更是院院相属，构成层次丰富的整体，其序列、宾主、动静均在此中展开。从这样一种建筑体系的长期实践中总结出"形"与"势"的辩证统一关系是十分自然的。中国的传统长于综合，而西方则长于分析。因而在源自西方的现代空间理论中把"形"与"势"结合起来进行研究的还不多见。如果我们在这方面继续探索，运用"形"与"势"的辩证关系与现代空间理论相对照、结合，对中国传统建筑的规划设计再认识，相信在古为今用方面将有新的收获，会创造出新的经验来。

形势与尺度

风水中有一句名言："千尺为势，百尺为形"。它以精辟的语言道出了形势法则的基本概念和尺度规定，无疑是大量实践经验的总结，其深刻而科学的内涵对规划设计的实际工作价值很高。这里所讲的尺是中国古尺。按照刘敦桢主编的《中国古代建筑史》所载历代尺度简表，每尺相当于公制32～35厘米。"千尺为势，百尺为形"用现代语言可以这样讲：在建筑组群的总体布局上把各单体建筑的远观视距控制在320～350米，把近观视距控制在32～35米能取得最佳的景观效果。深入分析和研究古代建筑的具体实践，并同现代理论相对照，不难发现这个视距控制的尺度规定有着合理的科学依据。

32～35米是现代建筑理论中提出的近距离看人的合理视距标准，在这个视距以内可以看清人的面目和动作细节。这也正是我们在设计影视建筑和其他建筑外部空间时一般遵循的一项视距规定。320～350米则是虽然难以辨认人的面目和细节，但还能根据人的轮廓、动作加以识别的极限距离。以32～35米作为近距限制，320～350米作为远距限制，前者取其形，后者得其势，在传统建筑布局方面有许多实例。如北京故宫（图7、图8），从金水桥中央看天安门，从太和殿第三层台阶边缘看太和殿，以及太和殿、中和殿、宝和殿之间的距离都是35米左右；而从端门到午门、从太和门到太和殿，这两个广场为求其势，控制的距离又都在350米左右。明陵和清陵一些牌楼、碑亭、华表、石象生的间距也大都控制在35米之内，以形成良好的视景。一般皇家建筑视距多取上限，而大量的地方性建筑如庙宇、

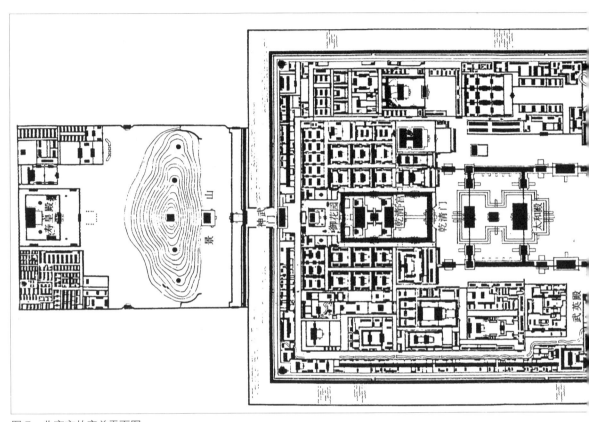

图 7　北京市故宫总平面图

图 8　北京市故宫纵剖面图

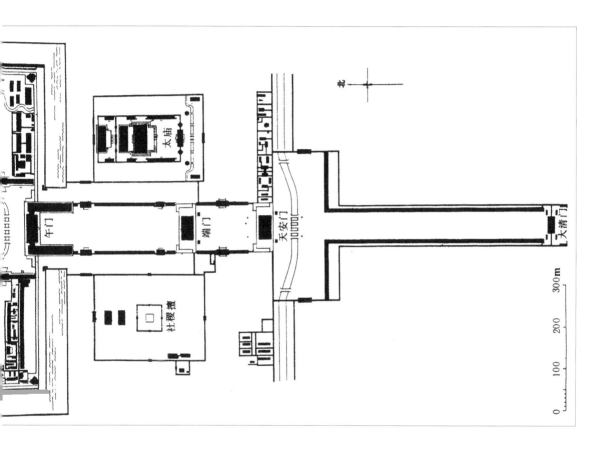

宅院、会馆等则小于 350 米和 35 米。在清代陵寝建筑的规划布局中常以 5 丈（即 16～17.5 米）见方的坐标格网作为尺度控制，这也是"千尺为势，百尺为形"这一形势法则指导下采用的一个有效的工作方法。日本芦原义信根据自己在外部空间设计上的经验，曾提出两个假说：第一个假说是外部空间可以采用内部空间尺寸 8～10 倍的尺度，称之为"十分之一理论"；第二个假说是外部空间可采用一行程为 20～25 米的模数，称之为"外部模数理论"。这两个假说与上述"千尺为势，百尺为形"的内涵十分吻合。这可以认为是人类在环境尺度上的共识。

在大量古建筑实测中我们发现中国的城楼、钟鼓楼、殿宇、厅堂等其高度、宽度一般多在百尺以下，即 35 米以下，可见"百尺为形"也反映了一般的建筑尺度。通过作图分析，以百尺之距观察高宽各为百尺的建筑，其垂直视角在 45° 仰角之内。这是近距观看建筑，特别是观看细部的控制视角；其水平视角为 54°，这也是现代建筑设计中经过科学论证而被广泛认同的最佳视角。这样，我们就不难理解为什么中国传统建筑各个建筑单体与它所处的院落空间尺度得体宜人、具有丰富而亲切的空间感受。

按照 35 米的建筑高度，从 350 米的视距观看，视角为 6°。这正是人眼最敏感的黄斑视域，同时也是在现代建筑景观设计中避免外部空间环境趋于空旷的极限角度。我们在传统建筑群体中见到，当视距超过千尺时，往往利用自然景物或各类建筑小品点缀空间。这就使我们进一步理解到何以中国传统建筑往往虽处开旷之地但却不失空旷，虽由体量不大的单体组合却能气势恢宏，园林景观游览路线绵延数里却能衔接有致、环环相扣。这都是古代匠师运用形势法则精心设计、裕如自然的杰作。

探求未知数

中国传统建筑规划设计中所运用的形势法则，是千百年来历代哲匠劳动创造的智慧结晶。它的辩证观点、科学内涵、实用手段，特别是以人在景观中的感受为基础对自然环境内在关系、建筑与自然、建筑与建筑的关系认真体察、总体考察和综合处理的经验，实在是一份宝贵的文化遗产。长期以来，风水的研究是一个"禁区"。形势法则作为风水理论的重要组成还没有得到应有的发掘和重视，因而对传统建筑空间布局的优秀作品还没有从应有的深度上加以总结。传统建筑文化宝库的未知数还很多，需要我们有意识地、创造性地探索与发展，使我们得以在更高的层次上对中国传统建筑不断地再认识，从而衍生出新意来，运用到当代的城市规划、城市设计和建筑设计的实践中去。这对于我们创造具有中国特色的现代建筑及其理论是不无裨益的。

主要参考书

①《风水探原》

②《天津大学学报——风水理论研究》

③《中国的风水思想与城市选址布局》

④《管氏地理指蒙》

⑤《宅谱指额》

⑥《地理五诀》

⑦《阴阳二宅全书》

⑧《地理人事须知》

⑨《博山篇》

⑩《阳宅十书》

⑪《黄帝宅京》

⑫《剧场建筑设计》

⑬《外部空间设计》

形式与实质 感觉与理性
——陕西历史博物馆建筑创作的体会

陕西历史博物馆开馆以来受到各界人士的关注，给予了高度评价，鼓励之余许多朋友表示希望多了解一些建筑创作的情况，如何构思立意，怎样选择方案，传统与现代的结合之中有哪些追求，这座建筑的成功对设计人今后的建筑创作将会产生哪些影响……要回答这许多问题是不容易的。因为一座大型公共建筑要接受长期实践的检验，现在说一些结论性的话还为时过早。陕博是一座民族风格浓郁的现代建筑，如果说体会比较多一点的还是在中西结合、古今结合方面。以下就此谈一点构想和做法，请予指正。

环境文脉 发扬唐风

陕西历史博物馆是一座规模仅次于天安门前的中国革命历史博物馆、内部设施具有 20 世纪 80 年代世界水平的国家级博物馆，是国家"七五"重点王程，投资 1.44 亿元，建筑面积 45800 平方米，文物收藏设计容量 30 万件。馆址位于西安南郊唐代建筑大雁塔西北 1000 米处，占地 104 亩，地处唐长安城内靖善、靖安、光福、永乐四坊的交界处，现今占地是一个完整的街坊。陕博在 1991 年 6 月落成开馆之后，即被联合国教科文组织确认为世界一流博物馆之一，也被誉为历史文化名城古都西安的又一坐标志性建筑。这样一个结果，与创作的初衷相吻合。

为什么采取唐风，其现实意义何在？这个问题关乎创作的基本构想，就先从这儿谈起。

当初在陕博大量前期工作的基础上，我理解在设计方面应该满足以下三点要求：

1. 合理的功能
陕博应具备当代新型博物馆的主要特点，如现代化的文物保护和展示的气候条件及声光设施，保护研究、运营管理的先进技术手段，防灾、防盗的可靠装备；同时还应该突破仅仅作为文物陈列和保护机构的模式而兼有文化交流、教育服务和科学研究的设施和作用。要十分重视对人的关怀，在参观、学习研究、购物、休息、餐饮等方面考虑观众的认识心理和行为模式。

2. 尊重历史文脉和城市环境

建筑形式要体现浓郁的民族传统、地方特色和鲜明的时代精神。不仅要反映出近年来国际建筑界对建筑风格、形式的重视及其对环境文脉的关切，而且要求体现对我国建筑文化传统的深刻理解与合乎逻辑的运用。陕博的建筑形象应具有古都西安历史文化名城标志性建筑的气质和品格。

3. 三个结合

即传统的建筑布局与现代功能相结合，传统的造型规律与现代技术手段相结合，传统的审美意识与现代的审美观念相结合。在创造中结合，在结合中创造。

根据以上三点设计要求，我认为唐风现代建筑具有突出的典型性和多义性。在一次回答记者同志提问时我曾说过："在西安这样一座历史文化名城，凡是遇到设计与历史文化有密切关系的工程，我总是把握一条原则，就是充分体现建筑的历史文化脉络，体现我们中华民族伟大、卓绝的精神风貌。从这一点出发，在这些年的建筑设计中我都着意突出唐风。这一方面是由于西安曾经是我国历史上极盛时期唐王朝的都城，这座古城的建设应该保持盛唐文化的延续性；另一方面也是由于唐代的建筑逻辑与现代的建筑逻辑有许多相近之处；更重要的一方面，则是由于盛唐的博大、辉煌、蓬勃向上的历史风貌和我们今天的时代精神是一脉相通的。在创作构思时，我不由地有一种自豪、欢畅的激情。但是不等于说唐风就是一套固定的模式，创作手法也可以是多种多样的。我接到每一个题目，总是要去分析这个题目的建设条件，努力去挖掘这个课题可供我发挥的特性，力求使设计有鲜明的个性而不落俗套。"

把陕博设计成一座具有唐风的现代建筑，不但从城市文脉的角度看是适宜的，而且从它所处的建设基地考察，也具有许多有利条件。馆址在景观宜人的南郊文化区，距大雁塔曲江旅游区仅一公里之遥，在城市旅游路线上，与大小雁塔均有较好的通视线；它的用地方整，四周有城市道路，有利于建筑作完整的布局；馆址周围大多是青瓦坡顶灰色砖墙的三、四层楼房，背景统一而色调稳重。这些都利于陕博的唐风造型在统一中又突出自己的个性。

从具体的城市环境出发进行建筑设计方案的构思，现在已经成为当代建筑师的共识。建筑大师贝聿铭在北京香山饭店的设计中追求中国园林建筑的风格；建筑大师文丘里在伦敦国家书廊的新馆设计中结合文艺复兴建筑的形象，被国际建筑界传为美谈而且给予殊荣；英国皇家建协会刊发表 1987 年度建筑评奖的获奖与受表扬的作品，曾由建筑评论家爱莫莱著文评论。他指出，从获奖作品中看到一种很值得鼓励的迹象，即建筑师已更加注重城市在历史上已形成的环境。新建筑重视这种历史的存在，能把自身恰当地结合在此文脉中去，而又非简单的模仿照抄。这些国外现代建筑发展的趋势，从另一个侧面证明了我们的设计思想和设计实践与现代建筑健康发展的潮流相一致。这也是陕博被誉为世界一流博物馆的一个原因吧。

以意造象　得于寰中

作为一座现代的大型公共建筑，陕博的方案设计是以国家下达的设计任务书为依据的。任务书明确要求"陕西历史博物馆应具有浓厚民族传统和地方特色，并成为陕西悠久历史和灿烂文化的象征"。方案探讨紧紧地围绕着"象征"二字不断深化，经历了一个从"以意造象，以象尽意"到"超以象外，得于寰中"的发展过程。

初期曾在 12 个方案中进行比较，其中包括各种风格的集中式和院落式两大类型。经过两次国内专家评议，一次国外专家咨询，意见都倾向于选择这个布局相对集中与院落式相结合并具中国传统宫殿特色的方案。有的专家认为：我国历代都城都是以宫殿为中心经营城市。西安是一座有 11 个王朝建都的古都，以宫殿作为象征比较确切。有的专家认为：陕博是国家级的大馆，所收藏的珍贵文物都是国之瑰宝。陕博本来就是一座文化殿堂，采用宫殿式十分得体。也有的专家说：西安虽然是千年古都，但是战乱中宫殿全都荡然无存，如果陕博设计反映传统宫殿之精华，无疑将为古都增色添彩，能更好地发挥建筑的精神功能。由联合国教科文组织邀请前来咨询的专家是加拿大国家博物馆设计人、著名的现代建筑专家，他也十分赞赏这个宫殿式的方案。总之，以宫殿形象作为陕西悠久历史和灿烂文化的象征就这样确定下来了。"以意造象，以象尽意"，这是探索象征的第一个层次。

作为陕博的设计者，我对宫殿式的方案一则以喜，一则以忧。因为，我深知传统的宫殿建筑对于现代生活是一种好看而不好用的形式。打开中国近代建筑史，从 20 世纪 30 年代到今天，大型公共建筑运用民族形式公认成功的几座，如广州中山纪念堂、北京民族文化宫、中央美术馆，都是回避了宫殿的建筑形象，而采用楼阁式的造型。那种洋楼之上加大屋顶的作品很少受到赞赏。梁思成先生早在 30 年代就不认为那是成功的创作。宫殿式究竟难在哪里？难就难在中国的宫殿建筑是一种大规划的水平展开的群体组合艺术。它那庄严的造型、宏伟的气势都是通过院院相属的空间序列，从内部展现出来。这种平面格局用在现代城市型建筑上，很难符合功能及技术的要求；如果简单地把大殿的屋顶戴在高楼上，又很难收到理想的艺术效果。

如果我们进一步研究中国的宫殿，解析它的空间布局时，会发现宫殿本身就是典型的宇宙象征主义的代表作。请看北京的紫禁城，它位于城市东西、南北的交叉轴的中心。都城的中心是皇城，皇城的中心是宫城，宫城的中心是太和殿。太和殿的中心又有着象征宇宙中心的须弥山，其上有须弥座。它的九层台阶象征着九重天。这个人间天上的中心也称"太极"。古代的建筑师用尽一切可能来完成这一象征宇宙的设计。此外，唐代麟德殿和明清紫禁城都有四隅崇楼的运用。崇楼，顾名思义，就是体量高大的楼阁，它是宫殿院落四角独有的建筑。它们从四隅与主体取得呼应，体现了宫殿对八个方位的辐射控制。反观宫殿那中央殿堂、四门四楼布局的空间环境所形成的气势，隐喻着千百年来潜入中国人空间意识之中的宇宙感。深入研究传统宫殿，使我们的认识"超以象外，得于寰中"，把握了中国传统宫殿空间构图的真谛。我们终于决定走相对集中、院落布局的路子。

根据用地条件和功能关系，陕博显然不可能套用某个古代宫殿，而只能采用最简约的平面，用一栋围绕院落的建筑来象征传统宫殿的组群关系，反映出宫殿群体的"宇宙模型"。在空间构图上确定"轴线对称，主从有序、中央殿堂、四隅崇楼"的章法：实践表明"太极中央、四面八方"的布局，的确显示出气势恢宏的效果。"超以象外，得于寰中"这就是我们设计中探索的第二个层次，从而使空间布局具有了东方的哲理性。

突出主景　聚形展势

在建筑总体布局确定之后，必须在每一个建筑单体的形象上认真推敲。不但要"聚形成势"，而且要调动各类造型因素来"聚巧形以展势"，才能把"宇宙模型"的庄严恢宏的气度显示出来。中国风水学中有这样一段话："势如根本，形如蕊华，英华则实固，根远则干荣"，深刻地阐明了布局构图与单体形象相互之间的辩证统一关系。

"聚巧形以展势"。"巧形"在传统建筑中首推屋顶。它是中国传统建筑中最显著、最重要、最体现精神的部分。那瓦坡的曲面、翼状起翘的檐角、挑檐的飞椽和承托出檐的斗栱，给中国宫殿建筑以特殊风韵和无可比拟的杰出雄姿。更何况我们要求体现那洒脱的唐风也主要表现在屋顶坡度的平缓、出檐的深远以及翼角舒展这样一些造型特征上。"中央殿堂"按照唐代的传统是一圈副阶围绕着庑殿式屋顶，这是等极最高的形式。南北两门在群体的中轴线上亦采用庑殿顶。四角崇楼造型为了与主体有较大的对比和动势，选用了攒尖顶。沿陕博建筑外围一路观赏，会发现攒尖顶与庑殿顶有规律地交错穿插，既有强烈的动势又保持了均衡。周围大小各屋顶像小山一样簇拥着中央的庑殿，确有"众山拱伏，主山始尊；群峰盘互，祖峰乃厚"的气势。此外，还抓住飞檐翼角这个极为神采飞扬的造型元素，在各个建筑的转角部分反复运用，使整组建筑加强了生气盎然的整体性。

　　"聚巧形以展势"不但要聚实体之形，按照我国的传统，庭院空间的善为经营一样可以达到"展势"的效果。陕博主庭院没有追求传统宫殿主庭那种威严肃穆的气势，而是用有坐凳的回廊围绕主庭，院中绿化繁茂，点缀以雕刻小品。主庭院东南角和西南角两腋各组织了一个小跨院，小院中精植花木，在回廊的分隔和绿树掩映之下，人们感到主庭院的空间延伸流动，宁静而开朗。这里深得群众喜爱，是一处具有传统风格的开敞的共享空间。这部分由于运用了民居、园林的手法，建筑的尺度比较宜人，也增加了亲切的文化气息。实践告诉我们，一组大建筑即使在宏观上气势恢宏，通过局部处理，环境仍然可以是亲切宜人的。这也是我国建筑的一个好传统。

　　陕博共有九个单体形象，如何达到多样统一，在布局上靠的是轴线对称、主从有序，在建筑色彩上突出一个统调，还有一个重要手段就是模数的应用。我们吸取传统建筑材分制度的精神，给陕博建立了一套模数，从而有效地控制了各类建筑的比例尺度。从建成后的实际效果看，建筑具有一种统一的韵律感。古代的营造式和则例，在具体的做法、数字上已不适用于现代结构，但它的理性设计精神和思考方法在今天仍有实际意义。况且，中国木结构体系在人本主义设计思想指导下所形成的比例尺度较为宜人，对环境设计是极有借鉴参考价值的。

从材分制度的运用，又联系到选型定制的传统，它们是中国古建筑相辅相成的统一全局的有力手段。前者是在比例尺度上统，后者是在形式风格上统。中国传统建筑不同的性质各有不同的型制规格。型制规格一经确定，相应就应采用不同的建筑处理。比如陕博以宫殿为原型，那是最高档次的规格，就相应用"大式"，而不能用"小式"，突出的必然是飞檐翼角，绝不会是马头墙硬山或窑洞式的拱券，如此等等。这是一种把逻辑思维和形象思维结合起来的好程序。实际上在非传统风格的建筑设计中也存在类似的问题。不然为什么有些大型公共建筑看起来很小气，而有些小建筑却像"小大人"呢。这就是说不同性质、档次的建筑应该运用不同的形象语言。

总之，陕博的建筑总体布局是"积形成势"，在建筑处理上是"聚巧形以展势"，运用了中国建筑中的形势法则。在处理统一变化的关系上吸取了中国传统建筑中的一些程序手法。当然，我们同时也运用了一些现代设计方法，比如外部空间设计参照了日本现代建筑师芦原义信的"十分之一理论"和"空间模数理论"，而且发现其与风水中"千尺为势，百尺为形"的说法相当吻合。

墨雅于彩　素色为上

陕博建筑为白色面砖墙面，汉白玉栏板，浅灰色花岗石勒脚、台阶、柱子、石灯，浅灰色喷砂飞檐斗栱，深灰色琉璃瓦。与灰白色基调微有对比的是古铜色铝合金门窗、茶色玻璃。全部色彩未超出白、灰、茶三色。在四周绿化的衬托下，整个建筑庄重、典雅、宁静，并有石造建筑的雕塑感和永恒感，达到具有丰富文化内涵的高雅境界。主体部分陈列厅室内色彩设计别具一格。楼板底面及其下的各种管道均为蓝黑色，其下为古铜色铝合金格栅吊顶。地面为富有弹性的深色橡胶地面，墙面为灰调喷涂饰面。整个是深色的基调，在展柜灯光余晖作用下，展厅里显得银空无际。观众被晶莹发亮的展品所吸引，似乎在历史的长河中追溯遨游，使长达数小时的参观成为一种高雅的艺术享受。

博物馆的色彩设计构思从何而来呢？是怎样促成了把传统宫殿建筑色彩从浓丽变为淡雅，回想起来有三个原因。首先是出国考察所接受的影响。世界上有名的国家级博物馆几乎全部色调高雅，很多都是灰调子。欧美博物馆大量采用石料所造成的永恒感使我赞赏不已。例如华盛顿中心广场国家美术馆，贝聿铭的杰作东馆为几何形，块体分明，具有雕塑感。在它西侧的老馆是1941年由约翰·拉塞尔、波普设计的沉静而庄重，是座新古典式的宏伟建筑。实际上这两座建筑给我的第一印象极为相似。因为它们都很雄伟，追求一种崇高不朽的形象。同时两者也都表现出要努力使自己的形象与所收藏展示的艺术品融为一体，而不是和这些艺术品相抵触。另一重要方面是两者都使用了同一种田纳西出产的浅灰色石料，那种灰白色的调子平稳安详而又充满活力，这种微妙的平衡给我以深刻的印象。刚劲沉寂的石墙面同五彩缤纷活动着的观众形成鲜明的对比，而那光和影、形和体不断变化，又没有丝毫眼花缭乱的感觉。国外大博物馆千姿百态，最使我念念不忘的一个是石料，一个是灰调子。

第二个因素是国画"水墨为上"的观念。我国历代文人画多用墨而少用彩。王维《山水诀》说："夫画道之中，水墨最为上。"同时代的书画家荆浩在《笔法记》中也说："随类赋彩，自古有能，而水墨晕章，兴我唐代。"墨色与彩色相比雅于彩色、高于彩色，所以自唐以后，水墨画成了宋、元、明、清画家所追求的绘画形式，在世界画坛独树一帜而享有崇高的地位。这种高雅的格调对中国园林建筑影响极深。我在20世纪80年代以来设计的几组唐风建筑对色彩进行了不同程度的简化。"三唐"采用灰瓦、白墙、赭红梁柱，各界反映较好。在这个基础上陕博再进一步提炼，以花岗石的浅灰色取代了赭红，以淡雅取代了浓丽。

第三个因素是创作的机遇。如果认识不到机遇的因素，就会片面地夸大建筑师个人的作用。就如陕博色调的设计之所以能实现，幸运的是陕博工程的领导和筹建处的几位负责人都具有相当的文化素养，很快对色彩的选择取得了共识。大家都认为如果陕博的大屋顶在色彩上有一个较大的变化，而这个变化又能使建筑更好地体现陕博的性格，那不是很值得追求吗？于是筹建处、设计组、施工单位、生产厂家就齐心协力去解决定货、生产工艺、施工、资金等一系列问题，这才出现了陕博深灰色琉璃屋面。说明建筑的突破是社会综合力量的表现，而不是建筑师能笔下一挥而就的。

古今交融　有机结合

陕博是一座具有浓郁民族风格的现代建筑。它使用现代技术和材料，继承和发扬我国传统历史文化脉络，同时按现代人的生活方式、现代人的审美观和价值观来创造内外空间环境。传统与现代的结合是多层次的：有的"寓古于新"，有的"寓新于古"，有的"古今并存"，在建筑总体美的前提下，各得其所，有机结合，最终取得古今交融的效果。

室内设计与建筑设计高度统一，取得了简洁、高雅、传统、创新的效果。序言大厅是引导观众参观历史文物的起点。在大厅中心部位设置表现"陕西文明"的主题雕塑，以其展现黄土、黄河、黄帝子孙百万年的足迹，向观众概述100万年的史前文化和5000年来的华夏文明。大厅选用了庄重、素雅的中灰色调。墙面、地面均为灰白色花岗石。吊顶为本色铝合金悬挂式覆斗形组合藻井，暗装灯泡，斗背发光。大厅四角悬挂的也是覆斗形玻璃大吊灯，艺术造型统一完整。运用现代技术与新型材料，加上灯光色彩的整体效果，气氛浓郁，它既能继承中国历史文化脉络，又能表现现代科学技术水平。至于陈列大厅，在上一节中已经作了介绍。陕博室内设计主要采用"寓古于新"的结合方式。此外在一些吸引观众视线的重点部位，也是追求这种效果，如博物馆总入口的大门。按照传统，这类大门往往是木板门外饰铆钉，用在这里就未免形象古老封闭。我们经过比较，采用了不锈钢管与抛光铜球组合成的空透金属大门，不但造型新颖，而且引起人们对传统铇钉门的联想，"寓古于新"，收到新中含古、似古似新的效果。

　　陕博造型体现雄浑质朴的唐风，其简洁明确的构造、整体明快的色彩都与现代建筑的逻辑相通。在结构和构造处理上，陕博没有虚假构件。大屋顶檐下的椽条、支撑屋檐的斗栱不但造型简洁，而且在结构上也都是受力构件，体现了唐代建筑与现代建筑共同追求的艺术、功能、结构高度统一的原则。实际上这不仅仅是一个构件的技术处理方式，而是一种严肃的创作观的体现。它说明了现代建筑的精神与我国传统建筑本质的精神不仅相通，并且它们都应得到理解和尊重。总之，这一类属于"寓新于古"的结合方式。

　　陕博不仅采用了现代的钢筋混凝土框架结构，还采用了现代化的建筑构配件和材料，例如许多部位就使用了预制大型壁板。在建筑处理上简洁地运用大面积的实墙面和大片玻璃墙以形成强烈的虚实对比，随之出现了新的立面节奏，较之一间一柱的韵律更有力、更强烈，从而体现了现代的审美意识。在建筑色彩方面如上节所述，一反传统宫殿浓丽的做法，采用素雅明朗的色调。这些形象和色彩在古建中是没有的，我们却把它们和唐风大屋顶并置在一起了。从实际效果看，它们放在一起，既对比又协调，给陕博总体的形象注入了新的活力，可见"古今并存"亦非决然不可，只是在功能技术与传统做法相矛盾时，要敢于创新。由于适应新情况、满足新要求，就往往必须放弃老做法以谋新路，这正是创新的自然途径。

　　古今结合是种难度很大的创造，而这难首先就难在要"因题制宜、结合有机"。"寓古于新"也罢，"寓新于古"也罢，"古今并存"也罢，只要处理得当，总体上自会有其新意。在结合中创造，在创造中结合，结合也是多层次、多方位、多元化的。在我长期的设计工作中，主要是通过寻找结合点来促进自己的创作。我深深体会到，如果我们对古典传统和现代需求与手法理解越深，结合点的层次就越高，所创作的建筑就会更新颖、淳厚、雅俗共赏。

后记

在本书交付出版之际，我想对诸位读者再说几句话。

中国建筑是世界四个主要传统建筑流派之一，与欧洲、伊斯兰和印度并列。中国建筑既是延续了三千余年的一种传统工程技术，同时又是一个卓有成就、极富特色的环境空间艺术系统，成为我们灿烂的文化传统的一个组成部分。在中国现代化的进程中，为了学习传统，继承发扬使之用于现代，已经有两代建筑师为之奋斗了半个多世纪。作为他们的后继者，我所追求的是通过一些作品探索传统与现代结合的可能性，在创作实践中加深对传统的理解和鉴别。这就需要一边工作一边学习，在传统和现代两个方面都要认真钻研。而实际上，对于一个长期从事设计工作的建筑师，是力所不及的，只能根据设计任务的需要边学习边运用。写文章的目的也在于总结经验，以期进一步明确建筑创作的指导思想和继续提高自己的职业技巧。因此，文章的水平和理论深度均极为有限，姑且作为学习探索留下的些须痕迹。

这里首先感谢老师吴良镛教授多年来对我的关心和指导，这次又在百忙中为本书题名并作序。衷心感谢陕西科学技术出版社和编辑蒋韡民同志以及陕西省印刷厂，他们为此书的问世作了大量工作，付出了辛勤的劳动。此外我要感谢高瀛岛和成社二位摄影师，多年来他们与我密切合作，书中所有八十年代以来照片均出自二位之手。他们高度的摄影水平和严格认真的精神使这些摄影很好地反映了建筑师的设计意图。此外，宜兴建筑陶瓷厂对本书的出版给予了大力支持，特在此致以衷心地感谢。补充说明一点：60年代文章中的照片和插图因原稿均已无存，只得从出版物上翻制，效果不尽人意，恳请读者见谅。

张锦秋
1991 年春于古城西安

跋

　　这本 24 年前的老书现在中国建筑工业出版社为之重新出版，使我感动、感谢不已。20 世纪 90 年代初我怀着忐忑的心情出了我的第一本书。当时是想把自己的学习体会、创作尝试和一些思考向老师、同学、同行作个汇报，也就初尝了出书的滋味，甘苦同在，忧喜交织。

　　现在的新版果然焕然一新，无论装帧设计、版式安排都有了新意。编辑们不厌其烦地校对订正了原书中的差错和弊病。一些老照片和老图的原版遗失，但在印刷上还是克服了许多困难使它们尽量清晰。

　　由于书中内容都成于 20 世纪 50 ～ 90 年代，其中有些话可能幼稚无知，有些话可能陈旧过时，不过毕竟全都是我肺腑之言。但愿对读者，特别是青年读者今天仍多少有所裨益。

张锦秋

2016 年 9 月 7 日

图书在版编目（CIP）数据

从传统走向未来—— 一个建筑师的探索／张锦秋著.
北京：中国建筑工业出版社，2016.8
ISBN 978-7-112-19680-7

Ⅰ . ①从… Ⅱ . ①张… Ⅲ . ①建筑学 – 研究 Ⅳ .
① TU-0

中国版本图书馆 CIP 数据核字（2016）第 194956 号

责任编辑：费海玲 张幼平
责任校对：王宇枢 张 颖
封面题字：吴良镛

从传统走向未来—— 一个建筑师的探索

张锦秋 著

＊
中国建筑工业出版社出版、发行（北京西郊百万庄）
各地新华书店、建筑书店经销
北京方舟正佳图文设计有限公司制版
北京雅昌艺术印刷有限公司印刷
＊
开本：787×1092 毫米 1/16 印张：18¼ 字数：260 千字
2016 年 9 月第一版 2017 年 7 月第二次印刷
定价：78.00 元
ISBN 978-7-112-19680-7
　　　（29147）